历史的璀璨

——世界岩矿标本摘粹

张世涛　朱　俊　申　岑　编著

地质出版社

·北　京·

内 容 简 介

本书以图集的形式展示了昆明理工大学地学博物馆珍藏的“世界岩矿标本”中的代表性标本。这些标本多来自世界各地的代表性矿物和岩石产地，或为矿物和岩石的命名地，或来自经典的岩石剖面，至今已经收藏100余年，具有重要的科学价值和历史价值。本书是一本面向公众的地质类科普读物，以科普的形式向读者介绍了有关矿物和岩石的基本特征，还插入了有关矿物和岩石的发现历史、用途和文化轶事等内容，旨在向公众传播地学知识，培养人们热爱地球家园的高尚情操。

本书图片精美，文字活泼，简明扼要，通俗易懂，适合广大矿物和岩石爱好者、青少年学生，也适合地质教学和地质教育历史研究的人员收藏、阅读和参考。

图书在版编目（CIP）数据

历史的璀璨：世界岩矿标本摘粹 / 张世涛，朱俊，申岑编著. -- 北京：地质出版社，2025.5. -- ISBN 978-7-116-14604-4

Ⅰ. P583; TD912

中国国家版本馆 CIP 数据核字第 2025W218S8 号

LISHI DE CUICAN——SHIJIE YANKUANG BIAOBEN ZHAICUI

责任编辑：费详惠　蔡卫东
责任校对：关风云
出版发行：地质出版社
社址邮编：北京市海淀区学院路 31 号，100083
电　　话：(010) 66554528（邮购部）；(010) 66554628（编辑室）
网　　址：https://www.gph.clmpg.com
传　　真：(010) 66554686
印　　刷：北京地大彩印有限公司
开　　本：787mm×1092mm　1/12
印　　张：9
字　　数：120 千字
版　　次：2025 年 5 月北京第 1 版
印　　次：2025 年 5 月北京第 1 次印刷
定　　价：100.00 元
书　　号：ISBN 978-7-116-14604-4

前言

PREFACE

矿物和岩石是组成地壳的基本物质形态，是地球母亲的精华。

这里向您展示昆明理工大学地学博物馆珍藏的“世界岩矿标本”，这是来自世界60余个国家和地区典型产地岩石和矿物的标本。这里的标本种类齐全，保存完好，精彩荟萃。在这里，我们摘其精华与您分享！

这是见证历史的信物，它们见证了中国近现代地质科学的发展历程，见证了中国地质科学教育的薪火相传，滋养着一代代地质人的成长，托举着一代代地质人走出清华大学，走出西南联合大学，走出昆明理工大学，走向星辰大海……它们历经庚子国难、抗日烽火、民族解放，见证了中华民族的苦难与辉煌，凝聚了中国近现代地质人的艰苦奋斗、自强不息！

这里呈现给您的是缤纷的世界，是历史的璀璨！

地学博物馆
GEOLOGICAL MUSEUM

目录

矿物

一、自然元素矿物

二、硫化物矿物

三、氧化物和氢氧化物矿物

四、含氧盐矿物

五、卤化物矿物

六、有机准矿物与人造矿物

岩石

一、岩浆岩

二、沉积岩

三、变质岩

MINERALS 矿物

一、自然元素矿物

1. 自然铜：人类最早使用的金属材料

化学组成：Cu
英文名：Copper

自然铜的英文名 Copper，源自富产铜的古代地中海塞浦路斯岛（Cyprus），由此得到它的拉丁名称 Cuprum 和它的元素符号 Cu。

自然铜是天然产出的铜元素单质矿物，属等轴晶系，完好晶形者少见，集合体常呈不规则的树枝状、片状或扭曲的铜丝状、纤维状等，造型独特。次生的自然铜多呈粉末状或在岩石和矿石裂隙中呈片状、细脉状以及致密块状等。

自然铜颜色为铜红色，金属光泽，表面常因氧化而出现棕黑色被膜，自然铜具有延展性，良好的导电性和导热性。摩氏硬度为 2.5 ~ 3，相对密度为 8.4 ~ 8.9。

铜在地壳中含量低，不超过 0.01%，自然铜的产出更少。自然铜是由铜的硫化物经变化还原而成。在氧化条件下不稳定，经常转变成铜的氧化物和碳酸盐。

铜是重要的金属，有着极广泛的用途，被广泛地应用于电气、轻工、机械制造、建筑工业、国防工业等领域，在中国有色金属材料的消费中仅次于铝。在矿物收藏界，自然金属通常很受欢迎，虽然自然铜的稀缺性不及自然银与自然金，但造型独特、外观美丽的自然铜标本仍然会受到许多人的青睐而用作收藏件。

中国自夏朝开始就已经开始使用红铜，即自然铜，由于自然铜硬度低，纯铜制成的物件太软，容易变形。后来人们发现将锡加入纯铜中制成的铜锡合金——青铜更加坚硬、易熔，能很好地铸造成型，在空气中稳定，因此成就了历史上的“青铜时代”。

世界著名的自然铜产地有美国、意大利、斯洛伐克、匈牙利、塞浦路斯、俄罗斯、伊朗等。中国贵州威宁、云南东川和会泽、新疆东天山、湖南麻阳等地也有自然铜产出，长江中下游等地、四川会理的铜矿床氧化带中也可见自然铜伴生。

自然铜呈松花状产于方解石晶簇中，
表面氧化呈棕黑色
产地：美国亚利桑那州

自然铜
产地：美国密歇根州

自然铜，局部因氧化带绿色调
产地：智利

2. 自然银：永远散发着月亮般的宁静光辉

化学组成：Ag
英文名：Silver

图示的自然银标本来自挪威康斯伯格，标本中自然银弯曲延伸的造型仿佛一位灵魂舞者般曼妙卓绝，时光的尘埃也难以掩盖那柔和宁谧的诱人光辉。

自然银是天然产出的银元素单质矿物，属等轴晶系，单晶呈立方体和八面体或两者的聚形，但极其少见。一般晶体往往向一个方向延伸，并发生扭转或挠曲，常常呈丝状、树枝状、不规则片状以及粒状、块状等。自然银的新鲜断面呈银白色，金属光泽，新鲜切面暴露在空气中会因氧化（硫化）失去光泽，变为灰或黑色的锖色，自然银的摩氏硬度为 2.5，无解理，锯齿状断口，具延展性，具有良好的电热传导特性，相对密度 10.1 ～ 11.1。

银在地壳中的含量仅占 0.07×10^{-6}（即亿分之七），主要以硫化物的形式存在，如辉银矿、硫铜银矿、锑银矿、脆银矿等。自然银的产出非常稀少，常见于中低温热液矿床，外生成因的自然银见于硫化物矿床的次生富集带中。

银和黄金一样，是一种应用历史悠久的贵金属，至今已有 4000 多年的历史，新中国成立前用的银圆，就是以银为主的银、铜合金。相对于金如太阳般热烈外放的气质而言，银具有诱人的白色光泽，犹如月光般宁静平和，给人带来内省、冷静、沉思的感觉，深受人们的青睐。银也有“女人的金属”之美称，广泛用作首饰、装饰品、银器、餐具等。银在工业上被用于合金制造、电子电器、感光材料、化学化工、医疗等领域。

自然银的世界著名产地有挪威、墨西哥、德国、美国、加拿大、摩洛哥等地。

自然银
产地：挪威康斯伯格

自然银　产地：挪威康斯伯格

3. 自然硫：古时的炼丹秘剂，今日的工业食粮

化学组成：S

英文名：Sulphur

自然硫即天然产出的硫单质，别称“硫黄”“硫磺”“石流黄”“黄牙”等，通常由火山作用和生物化学作用形成。自然硫呈黄色调，晶面上具金刚光泽，断口具油脂光泽，有硫臭味，硬度很小且易燃。意大利西西里岛是世界闻名的自然硫晶体产地，这里的自然硫晶体有着独特的亮黄色和迷人的双锥状晶形，观赏性很高。

自然硫是人类认识较早的矿物之一，因其易燃，燃烧时会融化成血红的液体并能产生蓝色火焰，因而成为古时炼丹术士的炼丹神药，现存最早的炼丹专著《周易参同契》就有硫黄与汞化学反应生成硫化汞的记录。西方炼金术士把硫看作是可燃性的化身，认为它是组成一切物体的要素之一。而中国的炼丹家们在反复实践中发明了“一硫二硝三木炭”的混合物——黑色火药，成为中国“四大发明”之一，是古代娱乐庆典必备品和军火神器。如今，自然硫的提取物被广泛用于化工、农业以及医疗等领域。自然硫多被用于制造硫酸，在化学工业上有着广泛应用；合成出来的硫酸镁多用来制作农用化肥。

世界上自然硫主要产于墨西哥、夏威夷、日本、阿根廷、智利，美国等。中国自然硫主要产地是中国台湾北部的大屯火山区，山东、贵州等地也有自然硫矿床。

自然硫
产地：意大利西西里岛

4. 石墨：黝黑的外表，柔软的内心

化学组成：C

英文名：Graphite

石墨英文名“Graphite”是1789年由亚伯拉罕·哥特洛布·维尔纳从希腊语中选取“Graph”命名的，原意为“写”，可见石墨在很早的时候便为人们所利用，早在原始部落时期，人们就用石墨来进行简单的宗教活动，如占卜、做简单的记号等。在古时甚至可以作为化妆品，明代汤显祖笔下的《始兴舟中》诗中写道：“石墨画眉春色开，有人江山寄愁回”。这样的诗句让我们的眼前不禁浮现古时妇人用石墨精心描画蛾眉，娇艳的容颜在梳妆镜里满镜铺开的优美剪影。

石墨与金刚石一样，都是天然产出的碳元素单质，但由于内部原子的排列方式不同，使得石墨和金刚石无论是外表，还是内在物化特性上都有天壤之别，二者属于同质多象的矿物。

自然界产出的石墨纯净者很少，常夹杂其他成分（达10% ~ 20%），如黏土、沥青、Si，Al和Fe的氧化物等。

石墨晶体具有典型的层状结构，每层由碳原子排列成六方环状网，在层内原子间为共价键——金属键，层与层之间为分子键，这样的结构决定了它物理性质表现出的明显异向性。

石墨颜色为钢灰至铁黑色；半金属光泽；性软，有滑感，易污手。一组极完全解理，摩氏硬度为1 ~ 2，指甲可以轻易划动。相对密度为2.09 ~ 2.23，具良好的导电性。

石墨在工业中用途很广，用于制造冶金工业上的石墨坩埚、机械工业上的润滑剂、原子工业上做减速剂，铅笔芯、涂料、染料等，成分纯净的高碳石墨可作原子能反应堆中的中子减速剂、防辐射外壳，是国防和核能工业材料的重要材料。

石墨在世界上各地均有分布，甚至南极也有石墨的身影。中国是世界上石墨矿床主要分布区，储量占世界总量的77.5%，居世界首位。

石墨
产地：斯里兰卡

石墨
产地：美国纽约州

二、硫化物矿物

1. 黄铁矿：地壳中最常见的含铁矿物，有人称其“愚人金”

化学组成：FeS_2

英文名：Pyrite

黄铁矿英文名称源于希腊文“Pry”，意思为“火”，因为用锤子敲击黄铁矿会产生火星。黄铁矿是地壳中分布最广的硫化物。

黄铁矿颜色为浅黄铜黄色，常呈现规则的立方体、五角十二面体、八面体等单形，集合体常呈粒状、致密块状、浸染状或草莓状等。黄铁矿硬度较高，摩氏硬度达 6 ~ 6.5。黄铁矿因为含硫太高，不能用作炼铁的矿物，但它是提取硫和制造硫酸的主要矿物原料。

黄铁矿的金属光泽加上黄色调常被人们误认为是黄金，故又称为“愚人金”。区分黄铁矿和自然金很简单，因为自然金硬度很小，用钢针或小刀刻划，能够在其表面划出明亮沟痕；而黄铁矿硬度较高，钢针或小刀无法将其刻划。古人也曾利用牙咬的方法来辨别真伪，人的牙齿可以在自然金上咬出凹坑，但是咬不动黄铁矿。还有一个方法是自然金可以在白色瓷板上划出黄色或红黄色条痕，而黄铁矿、黄铜矿等相似矿物的条痕颜色为绿黑色。另外，黄铁矿、黄铜矿等矿物性脆，敲击后碎裂，而自然金敲击后会发生塑性变形而不会破裂。

黄铁矿是地壳中分布最广的含铁矿物，可以形成于各种不同的地质作用中，在世界各地广泛分布。

黄铁矿
产地：意大利厄尔巴岛里奥马里纳

黄铁矿
产地：意大利厄尔巴岛里奥马里纳

黄铁矿
产地：美国佛蒙特州

黄铁矿　产地：美国新泽西州富兰克林

2. 辉锑矿：工业多面手，颜料、硬化剂、耐火耐腐蚀等原料都少不了它

化学组成：Sb_2S_3

英文名：Stibnite

图中辉锑矿细长的晶体呈辐射状集合，泛着铅灰色的金属光芒，给人一种天然和谐的美感。

辉锑矿是锑的硫化物，为铅灰、钢灰色，金属光泽，在其表面常见斑驳的彩色（锖色）。单晶体常呈尖顶的柱状、针状，集合体呈块状、放射状、晶簇状等形态，摩氏硬度为2，指甲可以将其刻划，性脆，相对密度为4.51～4.66。造型美观的辉锑矿晶体或集合体具有重要观赏价值。

辉锑矿是提炼金属锑最重要的矿石矿物，一般含锑量约70%以上。锑在工业生产上用途广泛，是电和热的不良导体，有抗腐蚀性能，是重要的战略物资。锑被称为金属或合金的硬化剂。锑的化合物锑白是优良的白色颜料。值得一提的是，锑是有毒金属元素，在开采、加工过程中不慎会对环境造成污染，人体过量摄入会威胁生命。

中国是世界上锑资源量最多的国家，占全球已探明储量的一半多。明朝末年，中国发现了世界最大的锑矿产地——湖南锡矿山，因当时把锑误认为锡故名为锡矿山。除了湖南外，中国贵州、广西、广东、云南等省区都有辉锑矿床分布。

辉锑矿
产地：罗马尼亚

辉锑矿
产地：美国内华达州

3. 闪锌矿：深浅多变却总能闪烁着迷人的光芒

化学组成：ZnS

英文名：Sphalerite

图中来自坎伯兰的标本上，犹如一颗颗宝石般闪耀的粒状晶体即为闪锌矿；来自伊利诺伊州标本中的闪锌矿与白铁矿和方铅矿组合形成似年轮的环状集合体；而来自德国威斯特伐利亚的标本中黑色闪锌矿与褐黄色菱铁矿的集合体交替而呈带状构造。

闪锌矿，英文名称为 Sphalerite，是锌的硫化物矿物，纯净的晶体近于无色，但很难见到。通常晶体内的锌（Zn）会部分地被铁（Fe）取代，随含铁量的增加颜色逐渐加深，透明度相应地由透明、半透明至不透明，同时光泽则由金刚光泽变至半金属光泽。若铁含量较高而使其呈黑色，则称铁闪锌矿或黑闪锌矿。闪锌矿晶体形态呈四面体或菱形十二面体，通常呈粒状集合体产出，摩氏硬度为 3.5 ~ 4.0，相对密度为 3.9 ~ 4.2，铁含量的增高会使其硬度增大而相对密度降低。

闪锌矿是提炼锌的主要矿物原料。提取的锌元素最大用途是在镀锌工业。锌能和许多有色金属形成合金。含少量铅镉等元素的锌板可制成锌锰干电池负极、印花锌板和胶印印刷板等。锌与酸或强碱都能发生反应，释放氢气。锌肥（硫酸锌、氯化锌）有促进植物细胞呼吸、碳水化合物的代谢等作用。锌粉、锌钡白、锌铬黄可作颜料。氧化锌还可用于医药、橡胶、油漆等工业。

颜色瑰丽、透明度好的闪锌矿晶体是很好的
石原料，可制作珠宝首饰。由于闪锌矿具有很高
色散值，可以呈现强烈的火彩效果，加工后的晶
总能闪烁着七彩的光芒。

世界各地几乎都有闪锌矿产出，如墨西哥、
澳大利亚、秘鲁、西班牙、德国等。宝石级的闪锌
很稀少，主要产于西班牙和墨西哥。中国的铅锌
资源位居世界前列，著名产地有云南兰坪、湖南桃
广东韶关、青海锡铁山等。

闪锌矿，与白铁矿和方铅矿共生，
集合体呈年轮状
产地：美国伊利诺伊州

闪锌矿
产地：英国坎伯兰

黑色闪锌矿与褐黄色菱铁矿呈带状
产地：德国威斯特伐利亚

4. 黄铜矿：揭开你伪装黄金的面纱，原来你是电气化时代隐藏的大佬

化学组成：$CuFeS_2$

英文名：Chalcopyrite

图中所示是来自苏格兰的黄铜矿标本，原本金光闪闪的黄铜矿由于保存时间久远而呈稍显暗淡的黄铜黄色调。

黄铜矿是一种常见的铜铁硫化物矿物，成分中常常混入微量的金、银等元素。黄铜矿的颜色呈铜黄色，表面常能见到蓝色、紫色、褐色的斑状锖色，这种斑驳色彩的出现主要是由于黄铜矿表面由于氧化作用形成了氧化膜，薄膜经过光的干涉，在人的视觉上呈现出七彩的颜色，与色彩斑斓的肥皂泡呈色原理相同。

具有完好晶形的黄铜矿很少见，一般情况下多呈不规则粒状、致密块状集合体，也有肾状、葡萄状集合体。黄铜矿具有绿黑色条痕，金属光泽，摩氏硬度为 3 ~ 4，相对密度为 4.1 ~ 4.3，具有导电性。

黄铜矿与黄铁矿、自然金具有相似的外观特征，从视觉上很难将三者区分。与黄铁矿相比，黄铜矿的黄色调更浓一些，常见斑状锖色，硬度较低且很少见到完好晶形者。黄铜矿以脆性及溶于硝酸等特征区别于自然金。

黄铜矿是工业炼铜最主要的矿物原料。铜是人类最早使用的金属材料，支撑了人类文明数千年的发展。现在工业中铜被广泛应用于电气、轻工、机械制造、建筑工业、交通运输、国防工业、新兴产业等领域，是人类社会不可缺少的生产资料。随着电气化的持续发展，铜将变得越来越重要。

黄铜矿的产地遍布世界各地，著名产地如西班牙、美国、墨西哥、智利等。中国的主要产地集中在长江中下游、云南、四川、中条山、河西走廊以及西藏等地，其中以云南东川、江西德兴、西藏玉龙等铜矿床最为著名。

黄铜矿　产地：苏格兰

黄铜矿　产地：苏格兰

5. 辉铋矿：低熔点“绿色金属”——铋的最重要来源

化学组成：Bi_2S_3

英文名：Bismuthinite

辉铋矿
产地：澳大利亚新南威尔士州

辉铋矿
产地：澳大利亚新南威尔士州

辉铋矿晶体常发育为纤细棱柱状或针状，集合体呈放射状、粒状或致密块状。辉铋矿呈铅灰色至锡白色，常带有黄色或彩色的斑状锖色，铅灰色条痕，金属光泽，质地很软，用指甲即可划出痕迹，相对密度为6.8。

辉铋矿与辉锑矿这两种矿物在外观上非常相似，它们的颜色、形态、硬度等方面都很接近，但是辉铋矿具有更强的光泽和更高的相对密度。辉铋矿经常与高温热液矿床中的黑钨矿、锡石、辉钼矿、毒砂等共生。辉铋矿极少形成独立矿床，往往以伴生矿产于其他金属矿床中。辉铋矿主要见于高温热液钨锡矿床中，在中温热液矿床和接触交代矿床中也有少量产出。

辉铋矿是元素铋的重要载体矿物，其中铋含量为81.3%，因此辉铋矿是提炼金属铋的最主要矿物原料。铋具有熔点低、密度大的特殊性质，而且毒性比同族元素砷和锑要低，因此被称为“绿色金属”。铋主要应用于工业、医药、消防、半导体等领域。

世界著名的辉铋矿产地有玻利维亚、秘鲁、俄罗斯、美国等地，中国赣南一带的钨锡矿床中也富含辉铋矿。

6. 方铅矿：闪耀着金属光芒的完美立方

化学组成：PbS

英文名：Galena

方铅矿是一种铅与硫的化合物，又称立方硫化铅，英文名称 Galena 源自拉丁文，为铅之意。

方铅矿晶体常呈立方体、八面体或立方体与八面体聚形，集合体常呈粒状和致密块状，颜色为铅灰色，具有黑色的条痕，强金属光泽，摩氏硬度为 2.5 ~ 2.7。

方铅矿是最早被人类开采利用的矿物之一，古埃及时期人们就使用方铅矿作为化妆品。方铅矿的铅含量达 86.6%，中国早在商代前就从方铅矿中提炼铅。方铅矿用途广泛，早期无线电使用方铅矿作为整流器，制作解调器和矿石收音机。铅被广泛应用于国防、科技、电子工业等领域，铅是屏蔽放射性核辐射的良好材料，还可以做蓄电池、电极板等。

另一方面，铅是一种有毒的重金属元素，人体吸收过量的铅能引发多种疾病，同时它也是一种致癌物质。

方铅矿广泛分布于世界各地，其中美国、澳大利亚、德国、英国等拥有不少著名的铅锌矿床。中国著名铅锌矿产地有云南兰坪、广东凡口、青海锡铁山等。

方铅矿
产地：美国堪萨斯州

方铅矿
产地：美国俄克拉何马州

三、氧化物和氢氧化物矿物

1. 水晶：冰清至洁，灵气逼人，人们对我的喜爱经久不衰

化学组成：SiO_2

英文名：Crystal

水晶在古时被称为水玉、水精、水碧等，是最古老的宝玉石材料之一，它晶莹剔透，璀璨夺目，具有神秘色彩和天然美感，其独特的质地、颜色和光泽使其在人类文化中一直占据着重要的位置。

从矿物学上来说，水晶是无色透明的大型石英晶体（石英的粗粒晶体异种）。水晶常生长为柱状，柱体为一头尖或两头尖。此外还有似宝剑形、板状、双锥状等形态。水晶的化学稳定性很高，硬度也较大（摩氏硬度为7），因此不易磨损，适合收藏。

当水晶晶体内部的硅（Si）被Fe、Al、Ti、Mn等微量元素替代，或形成时温度条件差异，或含有细微包裹体等情况下，可能呈现不同色调，于是划分出紫水晶、烟水晶（黑色的又称为墨晶）、黄水晶、蔷薇水晶等多个品种，如图所示分别来自乌拉圭和墨西哥的紫水晶。紫水晶英文名Amethyst，源于希腊语的Amethystos，优质紫水晶呈深紫色，色如葡萄，光莹可爱。紫水晶是二月诞生石，象征着诚实，心地平和。

水晶在人类文化中具有丰富的象征意义。在现代社会，水晶不仅广泛应用于文化和艺术领域，而且常被加工制作为各种首饰和配饰，被赋予了吉祥、平安、幸福的寓意。

在工业上，水晶可作为冶金工业的熔剂，可制作玻璃，提炼出的硅晶体是重要的半导体材料，因其硬度高，性质稳定而常用作研磨材料等。

世界各地均有水晶产出，马达加斯加、赞比亚、巴西、德国、俄罗斯、缅甸、阿富汗等地水晶资源丰富，紫水晶晶洞产地以巴西最为著名。中国也是水晶资源丰富的国家，以内蒙古、江苏最著名。

紫水晶
产地：乌拉圭

水晶
产地：美国阿肯色州

紫水晶　产地：墨西哥

2. 贵蛋白石：这才是宝石界的“集美”

化学组成：$SiO_2 \cdot nH_2O$
英文名：Precious Opal

蛋白石又称为欧泊（Opal），源于拉丁文Opalus，意为“集宝石之美于一身”。蛋白石是一种二氧化硅胶体沉淀物（$SiO_2 \cdot nH_2O$），如果胶体沉积发生在生物遗骸中，则可以形成“树化玉”“螺化玉”等。蛋白石一般微透明，摩氏硬度为5 ~ 5.5，相对密度为1.9 ~ 2.3。

依据透明度以及是否出现变彩效应可对蛋白石进行分类。没有变彩效应的为普通蛋白石，其中无色透明者称玻璃蛋白石，半透明而具有强烈的橙、红等反射色者称火蛋白石；而具有变彩效应的为贵蛋白石，即半透明带乳光，在其表面有五彩斑斓的颜色（红、橙、绿、蓝等），随着观看角度的不同，这些斑斓的色彩也随之发生变化。变彩效应是因为内部硅球体的排列结构对日光衍射而呈现出不同的色彩和明亮效果所致，在灯光的照射下，时而显现出浪漫的海蓝色，时而呈现出温暖的米黄色，非常奇特，因此被誉为世界上最美丽的宝石。在同一块欧泊石上，可能囊括可见光中的所有颜色，且浑然一体，美不胜收。图示来自澳大利亚昆士兰州的蓝色贵蛋白石标本，深浅不一的蓝色变彩让它看起来光彩华丽。

澳大利亚是欧泊出产最多的国家，欧泊也是澳大利亚的“国石”。澳大利亚出产的蛋白石享誉全球，其中昆士兰州出产的砾石欧泊最为著名。

贵蛋白石
产地：澳大利亚昆士兰州

贵蛋白石
产地：澳大利亚昆士兰州

3. 玛瑙：千姿万变色泽莹润，古往今来它都是宝石文玩界炙手可热的明星

化学组成：SiO_2

英文名：Agate

玛瑙的英文名称来自古希腊哲学家、自然学家泰奥弗拉斯托斯，他于公元前 4 世纪至前 3 世纪在位于意大利西西里岛的 Achates 河的河岸发现了玛瑙。图中所示为来自巴西的玛瑙标本和来自美国怀俄明州的苔纹玛瑙。不同类型的玛瑙在外观上可能存在很大差别。

玛瑙是一种石英的隐晶质变体，是由各种颜色的玉髓条带或同心环带交互排列而成的，由于质地细腻，常给人温润细腻之感。大部分的原生玛瑙都与火山活动有关，由熔岩中的空腔被富二氧化硅的成分沿壁一层一层凝结填充而成，故而常见同心圈层构造。

玛瑙颜色多样，以白色、灰色、棕色和红棕色常见，亦有黑色、蓝色及其他颜色，以红色最为尊贵，如产于云南的南红玛瑙。

玛瑙种类繁多，知名的有南红玛瑙、战国红玛瑙等。水胆玛瑙是玛瑙中珍贵的品种，特征是玛瑙中封闭的空洞内含有水。有些玛瑙包含生动独特的美丽图纹，具有较高价值。

玛瑙因其色彩丰富、美丽多姿而被当作宝玉石材料，用于加工成宝玉石或工艺品。因其坚硬稳定也常被用来制作精密仪器的轴承和玛瑙研钵等工业用品。

玛瑙
产地：巴西

玛瑙
产地：巴西马尔山脉

苔纹玛瑙
产地：美国怀俄明州

4. 含金红石发晶：纵横交错的线条是岁月留下的精美素描

化学组成：SiO_2

英文名：Rutilated Quartz

金红石
产地：巴西

发晶，顾名思义，是包裹着如“头发丝”般的针状矿物的天然水晶。

当水晶还未完全结晶时，在其生长空间内包覆了针状矿物一起结晶生长，最后便能形成发晶。图中所示即为含金红石发晶标本，来自日本。标本中的晶体内部包含着一根根金色“发丝”，它们彼此交织成网状，在光照下金光闪闪，光彩华丽，赏心悦目。该标本中的金色发丝是一种以二氧化钛为主要成分的矿物——金红石，图中所示的来自巴西的标本正是天然金红石晶体。金红石是提炼钛的重要矿物原料，目前广泛用于航空航天、航海、机械、化工、海水淡化等方面。钛是少有的几种对人体无害的金属之一。

组成发晶内部发丝的矿物除金红石外，还常见电气石、阳起石等。天然发晶中发丝矿物多为平直丝状，细小者也有呈弯曲状的，常呈无规则取向、束状或放射状分布。若发丝细直且呈平行取向，加工后可出现猫眼效应，则成为发晶中的精品。发晶中包含的发丝矿物变化莫测、闪闪发亮、妙趣天成，仿佛被时光封存的一件件精美写意作品，因而深得许多文玩爱好者的青睐，常被加工成手串、手链、戒面、吊坠等配饰，能带给人们情感与精神的愉悦。

含金红石发晶
产地：日本

含金红石发晶
产地：日本

5. 锌铁尖晶石：刚直坚毅是我与生俱来的品质

化学组成：(Zn, Mn) Fe_2O_4

英文名：Franklinite

尖晶石的英文名为 Spinel，源于拉丁语 Spina、Spinells，即尖端、荆棘，意为有尖角的结晶体。锌铁尖晶石是尖晶石矿物家族中的一员，为氧化物。其中的锌离子和铁离子若被其他元素阳离子所替代，便可产生其他种类的尖晶石，例如镁铝尖晶石、钛尖晶石等，甚至连大家熟知的磁铁矿也是尖晶石家族中的一员。

尖晶石呈玻璃光泽，硬度大（摩氏硬度为 8 左右），化学性质稳定。由于成分中阳离子种类的不同导致尖晶石的颜色丰富多变，常见的有无色、红色、蓝色、棕色、黑色等。尖晶石家族中透明色艳者常作为高档宝石材料。尖晶石容易与红宝石、蓝宝石、石榴子石等相混淆。

随着人们对尖晶石认知度越来越高，近年来尖晶石在宝石市场的接受度也在增加。2002 年，美国宝石学会（GIA）一位宝石学家痴迷于具有霓虹色彩艳粉色尖晶石，赋予了它一个酷炫的名字——绝地武士（Jedi Spinel），如今绝地武士尖晶石、马亨盖尖晶石等已声名远扬，常常被收藏家挂在嘴边，在宝石界占据一席之地。

尖晶石的主要产地有缅甸、斯里兰卡、肯尼亚、尼日利亚、坦桑尼亚以及塔吉克斯坦、越南、美国和阿富汗等。

锌铁尖晶石（黑色）与蔷薇辉石（红色）共生
产地：美国新泽西州

锌铁尖晶石
产地：美国新泽西州

6. 锡石：为“青铜时代”的缔造加冕，为现代工业的腾飞助力

化学组成：SnO_2

英文名：Cassiterite

图中来自南美玻利维亚的标本上黑色的锡石晶体密布，棱角分明。

锡石是一种锡的氧化物矿物，通常生长为带双锥的短柱体，有时呈细长柱状或双锥状，膝状双晶普遍。颜色通常呈现褐色，当成分中含有较多铁时则呈黑色，半透明，金刚光泽，摩氏硬度为 6 ~ 7。由于它硬度高、密度大，抗化学风化力强，故常富集成砂矿，称为砂锡。

纯净透明锡石晶体的闪光和色散颇具魅力，是非常迷人的宝石，但非常少见。锡石主要用于提炼锡。锡是人类最早发现和使用的金属之一，也是大名鼎鼎的“五金”（金、银、铜、铁、锡）之一。铜和锡的合金就是青铜，由于锡铸造性能比纯铜好，硬度也比纯铜大，因此它们被人类一发现，便很快得到了广泛的应用，铜和锡的组合缔造了人类伟大的“青铜器时代”，在人类文明史上写下了极为辉煌的一页。在现代，锡在国民经济各领域中也被广泛应用，如在冶金工业中主要用于生产镀锡板，与其他金属冶炼生产轴承合金、用于核发电、飞机发动机等技术领域。

锡的世界著名产地是中国云南、广西及南岭一带以及东南亚、玻利维亚、俄罗斯。中国最著名的锡产地有云南个旧和广西大厂。云南个旧锡矿开采历史悠久，是世界闻名的“锡都”。

锡石
产地：玻利维亚

锡石　产地：玻利维亚

7. 红宝石：集美丽、稀有和传奇于一身的名贵宝石

化学组成：Al_2O_3

英文名：Ruby

红宝石的英文名称 Ruby 源于拉丁文 Ruber，为“红色”之意，可谓名副其实。它具有卓越的硬度和耐高温的特性，其摩氏硬度仅次于金刚石，熔点达2000℃以上，加之其稀少珍贵，是全球公认的五大宝石之一。图中来自美国佐治亚州的标本中，艳丽的红宝石被翠绿的绿闪石所围绕，显得优雅而高贵，来自中国云南元江的为粒状红宝石晶体。

从矿物学上看，红宝石是刚玉的一种，属三方晶系。纯净的刚玉无色透明，玻璃光泽，若晶体结构中混入不同微量元素则能够使刚玉呈现不同的颜色，如图所示来自缅甸的蓝色刚玉晶体。红宝石的红色是由于铬元素（Cr）混入所致。最具价值的红宝石是被称为“鸽血红”（Pigeon Blood）的颜色最浓艳的红宝石。“鸽血红”代表着一颗红宝石拥有着最为纯净、品质最高的颜色，更是代表着红宝石的一种至高无上的荣耀。鸽血红级别的宝石绝大多数产自缅甸，数量稀少，因此极为珍贵。

红宝石的产地主要有缅甸、莫桑比克、斯里兰卡、泰国、中国云南和新疆、马达加斯加、哥伦比亚、美洲、坦桑尼亚等地。缅甸是全世界顶级的红宝石产地，莫桑比克的红宝石在世界市场也有着重要地位。

红宝石
产地：美国佐治亚州

红宝石
产地：中国云南

蓝色刚玉
产地：缅甸

8. 水锰矿：这不是普通的“桑葚”，它是炼造合金的一剂猛药

化学组成：MnO (OH)

英文名：Manganite

图中黑色泛着暗紫，外形如同桑葚一样的矿物集合体，是来自美国密歇根州的水锰矿标本。

水锰矿为锰的氢氧化物，颜色多为暗钢灰色至铁黑色，具有半金属光泽，摩氏硬度为 3.5 ~ 4。晶体多呈柱状，集合体呈束状，在晶洞中可见到柱状晶簇。沉积成因的水锰矿多呈隐晶质块状、钟乳状或葡萄状集合体。

水锰矿是提炼锰的重要矿物之一。由于其呈黑色，极易染手，古人常用作陶器的着色颜料。在现代工业中，它被主要作为炼铁和炼钢的脱氧剂和脱硫剂，也用来制造合金，其中代表性的就是锰钢。在冶炼过程中，如果加入 2.5% ~ 3.5% 的锰，可以炼出低锰钢，低锰钢最大的特点是脆得像玻璃一样，随便一敲就会碎。而如果加入 13% 以上的锰，就能够冶炼出高级合金高锰钢，十分耐磨损，被广泛用于制造钢磨、轴承滚珠、推土机与掘土机的铲斗、铁轨等耐磨的构件。

锰在其他工业领域也有广泛使用，如化学工业（制造各种含锰盐类）、轻工业（用于电池、火柴、印漆、制皂等）、建材工业（玻璃和陶瓷的着色剂和褪色剂）、国防工业、电子工业以及环境保护和农牧业，等等。总之，水锰矿在国民经济中具有十分重要的战略地位。

水锰矿
产地：美国密歇根州

9. 赤铁矿：没有你，世界定会黯然失色

化学组成：Fe_2O_3

英文名：Hematite

赤铁矿的中英文名称与其呈现的红色有关，英文名称“Hema”源于希腊语，该词根意为“血”。图中来自英国克利特穆尔的赤铁矿呈隐晶质肾状集合体，一个个突出的半球集合堆叠，搭配上暗红的色调，给人以奇异独特之感。而美国犹他州的标本上赤铁矿取代了原来的磁铁矿却还保留着磁铁矿的外形，称为假象赤铁矿。

赤铁矿是一种铁的氧化物，分子式为 Fe_2O_3，颜色为钢灰色至铁黑色，常带浅蓝锖色。隐晶质集合体或粉末状集合体呈暗红色至鲜红色，赤铁矿的粉末呈现樱桃红色或红棕色，金属光泽至半金属光泽，摩氏硬度为 5 ~ 6。赤铁矿广泛存在于岩石和土壤中，具有完好晶体的较少见。

赤铁矿是重要的含铁矿物，常用于冶炼铁。赤铁矿是最重要的红色系矿物颜料之一，被古代先民广泛应用到绘画、彩陶、壁画和雕塑中。如今，赤铁矿仍被应用于染料或油漆行业。赤铁矿还可入药，用作中药材有“赭石”和“代赭石”，具有平肝潜阳、重镇降逆、凉血止血之功效。

大自然也会利用赤铁矿将大地渲染出美丽的红色，有了它，地貌色彩更加丰富，许多自然景观更加迷人。如遍布各大洲低纬度热带地区的红色土地、丹霞地貌等都是赤铁矿染色的杰作。

世界范围内赤铁矿的主要产地有俄罗斯、巴西、澳大利亚、美国、墨西哥和加拿大等。中国赤铁矿的主要产地有辽宁鞍山、甘肃镜铁山、湖北大冶等地。

肾状赤铁矿
产地：英国克利特穆尔

假象赤铁矿
产地：美国犹他州

10. 水镁石：这竟是可以用来织布的石头？

化学组成：$Mg(OH)_2$

英文名：Brucite

水镁石的英文名 Brucite，是为纪念矿物学家 Archibald Bruce (1777 ～ 1818 年) 以其姓氏命名的。水镁石又称氢氧镁石，顾名思义，主要化学成分为 $Mg(OH)_2$。由于水镁石含有结构水，在 340℃开始逐渐吸热分解成氧化镁和水。

水镁石属三方晶系矿物，具有层状结构，晶体呈板状或叶片状，集合体常呈板状、细鳞片状、浑圆状、不规则粒状，若呈平行纤维状集合体，则称纤水镁石 (Nemalite)。水镁石的颜色为白色、灰白色，当混入铁、锰时呈深浅不一的绿色、黄色或红褐色。水镁石摩氏硬度为 2.5，相对密度为 2.3 ～ 2.6，水镁石细片具有挠性及柔性。

水镁石被广泛应用于防火材料、造纸工业、制取氧化镁、氯化镁、环境保护领域。中国古代多有记录着一种名曰“火浣布”的布料，指不用水而用火烧洗去污垢的布。

水镁石　产地：美国内华达州

粒状水镁石集合体（保存于玻璃器皿中）
产地：美国宾夕法尼亚州

现在普遍认为：火浣布的制作材料主要为石棉纤维，因为石棉具有不燃性。除了石棉以外，纤维状的水镁石也可以制作“火浣布”，其重要特性在于其在较低温度时就能释放大量的水蒸气，并且分解生成的 MgO 也具有较高的活性和较好的耐热性。除此以外，水镁石具有明显的柔性和挠性，这些特质使其成为织布的绝佳岩矿原料。对比石棉和水镁石，现代研究表明石棉对人体和环境有很大危害，已被国际癌症研究署确定为具有确定性的致癌物，而水镁石则安全环保，是优良的防火材料。

水镁石矿床在世界范围内分布不广，而且矿床规模一般较小，主要集中在俄罗斯、美国、巴基斯坦、加拿大、朝鲜、挪威等地。中国水镁石矿床主要分布于辽宁凤城、吉林吉安、陕西宁强、青海祁连山、四川石棉、河南西峡等地。

四、含氧盐矿物

1. 石榴子石：洒落在岩石中的彩色种子

化学组成：$(Mg, Fe, Mn)_3Al_2[SiO_4]_3$—$Ca_3(Al, Fe, Cr)_2[SiO_4]_3$
英文名：Garnet

石榴子石英文名称为Garnet，由拉丁文“Granatum”演变而来，意思是“像种子一样”。很多石榴子石晶体与石榴籽的形状、颜色十分相似，故名“石榴子石”，也称“石榴石”。不同种类的石榴子石化学成分变化很大，中国古时称宝石级石榴子石为紫鸦乌或子牙乌。

石榴子石属于岛状硅酸盐矿物，它并非单一种矿物，而是一整个矿物群，钙铝榴石、铁铝榴石均是石榴子石家族中的成员。常见的石榴子石带红色调，但呈现其他颜色的也不少，其颜色足以涵盖整个光谱范围，其中镁铝榴石多为紫红色、玫瑰红色，铁铝榴石为红褐色、橙红色，锰铝榴石为深红色，钙铝榴石为黄褐色、黄绿色，钙铁榴石为棕、黄绿色，钙铬榴石为鲜绿色。图中镶嵌于岩石的粉红色矿物晶体是钙铝榴石，标本来自南非德兰瓦士省；而红褐色矿物晶体是铁铝榴石，标本来自美国阿拉斯加州。

石榴子石呈玻璃光泽，摩氏硬度为5.6 ~ 7.5，性脆。晶体常常呈菱形十二面体、四角三八面体等完好的晶形，稳定性较高。

石榴子石在铜器时代已经成为十分普遍的宝石。颜色鲜艳纯正、透明者为名贵品种，石榴子石中也有星光及猫眼效应，色正，星线或眼线好者，则是具较高价值的品种。

石榴子石分布广泛，地质学家常常利用石榴子石和与它共生的矿物分析变质岩石形成时的温度、压力及形成条件，在解决矿床成因及找矿勘探工作中有着广泛应用。

红褐色铁铝榴石
产地：美国阿拉斯加州

粉红色钙铝榴石　产地：南非德兰瓦士省

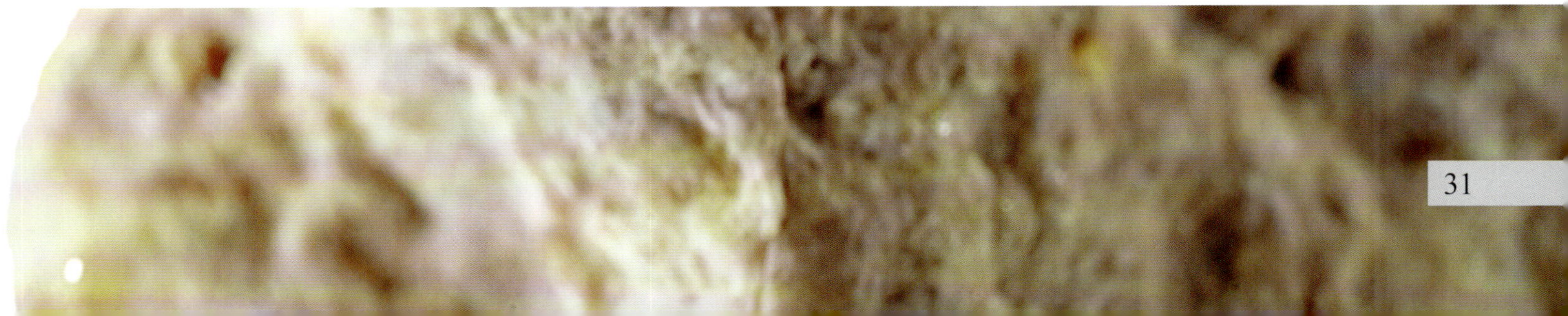

2. 橄榄石：象征和平与财富的“太阳晶石”

化学组成：$(Mg, Fe)_2[SiO_4]$
英文名：Olivine

橄榄石的英文名称为 Olivine，因其颜色多为橄榄绿色而得名。珠宝上常用的“Peridot”一词源于法文，一般指宝石级的橄榄石。橄榄石族为岛状结构的硅酸盐矿物，属斜方晶系，在自然界中最常见的为镁橄榄石与铁橄榄石组成的完全类质同象系列。以镁橄榄石与铁橄榄石为端员，其中间组分即通常所称的橄榄石。

橄榄石呈淡绿黄色、黄绿色（橄榄绿）、绿褐色、褐色，颜色随铁的含量而变化，富镁的色浅，富铁的则色深。橄榄石常呈粒状、短柱状、柱状，集合体呈块状、不规则粒状。橄榄石具玻璃光泽，摩氏硬度为 6.5 ~ 7，相对密度为 3.2 ~ 4.4。

橄榄石产于各种基性、超基性岩中，如橄榄岩、辉长岩、玄武岩中，是岩浆结晶时最早形成的矿物之一，多形成于地球深处，是地幔岩石的主要组成矿物之一。

透明而色泽鲜艳的橄榄石晶体可作为宝石。用作宝石材料的橄榄石一般为镁橄榄石和贵橄榄石。镁橄榄石通常具有黄绿色调，而贵橄榄石由于含铁量稍高于镁橄榄石而使其颜色稍深。优质的橄榄石质地通透纯净，颜色为橄榄绿色或黄绿色，内部无瑕疵，光泽清新柔和，给人以宁静舒畅之感，因此在古代西方有“幸福之石”的美称。国际上许多国家把橄榄石列为“八月诞生石”，象征温和聪敏、家庭美满、夫妻和睦。在工业上，橄榄石主要用于一般铸造、精密合金铸造、炼钢和各种耐火材料制品等。

橄榄石的世界著名产地有巴西、埃及圣约翰岛、意大利维苏威火山、美国亚利桑那州以及澳大利亚、巴基斯坦、缅甸等。中国河北张家口、吉林敦化、山西天镇等地是橄榄石的知名产地。

橄榄石
产地：美国亚利桑那州

3. 蓝晶石：烈火锤炼亦难改本色

化学组成：$Al_2[SiO_4]O$

英文名：Kyanite

蓝晶石是一种硅酸盐矿物，英文名称为 Kyanite，源于希腊语“Kyanos”，为“蓝色”之意。除深浅不同的蓝色外，蓝晶石也可能呈现其他颜色，但不多见，颜色的变化与钛、铁等元素含量变化有关。蓝晶石通常结晶为扁平的柱状或片状，有时呈放射状集合体，玻璃光泽至珍珠光泽。色泽通透的蓝晶石可作为宝石，其中以深蓝色的为佳。

蓝晶石有一个有趣的性质，它的硬度随方向不同而有差别，在它晶体的延长方向上摩氏硬度相对低（摩氏硬度为 4 ~ 5），在垂直于延长方向上摩氏硬度相对高（摩氏硬度为 6 ~ 7），故蓝晶石又名“二硬石”。蓝晶石是一种变质矿物，常常存在于区域变质岩石中，与石榴子石、十字石、云母和石英共生。

蓝晶石是一种天然高级耐火原料矿物。在高温下煅烧转变为莫来石和熔融状游离二氧化硅，同时会产生不同程度的体积膨胀，若将蓝晶石加入不定形耐火材料中作高温膨胀剂，可以使产品在高温下不收缩和剥落。蓝晶石被广泛应用于冶金、建材、机械、化工等行业。

蓝晶石
产地：美国康涅狄格州

蓝晶石晶体
产地：缅甸

蓝晶石
产地：美国康涅狄格州

4. 十字石：外观独特，形如其名，你认识它吗？

化学组成：$FeAl_4[SiO_4]_2O_2[OH]_2$

英文名：Staurolite

十字石
产地：格鲁吉亚

十字石的英文名称 Staurolite 源于希腊语，“Stauros”代表十字架，“Lithos”代表石头，因为其晶体通常形成“十”字或“X”形的贯穿双晶而得名。十字石单个晶体呈短柱状、棱柱状，十字形双晶是两个单体相交形成十字形的穿插双晶，一般相交为 60° 或 90°。

十字石通常呈深褐色、红褐色、黄褐色，玻璃光泽至半金属光泽，摩氏硬度为 7 ~ 7.5，相对密度为 3.74 ~ 3.83。

十字石主要是区域变质作用的产物，生成于某些区域变质岩石中，少数接触变质作用也会产生十字石。十字石的出现可以指示区域变质的程度，是地质学家用于评估岩石变质的温度、深度和压力的一种指标矿物。在生产生活领域十字石鲜有应用，少数达到宝石级的晶体可加工为宝石。

5. 符山石：如此百变有时竟能以假乱真翡翠？

化学组成：

$Ca10\ (Mg, Fe)_2 Al_4 [Si_2O_7]_2 [SiO_4]_5 (OH)_4$

英文名：Vesuvianite

符山石的中文名称源于中国河北省邯郸市涉县符山，因那里产出大量的符山石晶体。符山石的英文名 Vesuvianite，即维苏威石，源于意大利维苏威火山，是最早发现符山石的地方。

符山石是一种钙镁铁铝硅酸盐矿物，晶体常呈短柱状，常见四方柱、复四方柱、四方双锥、复四方双锥，集合体常呈粒状、放射状。符山石常呈黄色、灰色、绿色、浅蓝色和褐色等，颜色主要与铁的含量价态、类质同象混入的微量元素有关，当三价铁较二价铁的含量相对增加时，颜色由浅绿变为褐色，含铬使颜色呈宝石绿色，含钛和锰呈褐色或粉红色，含铜呈蓝－绿蓝色。符山石具玻璃光泽，摩氏硬度为 6.5 ~ 7，性脆，相对密度为 3.33 ~ 3.43。

符山石成分复杂且变化较大，有多个变种，不同的变种可能在颜色和外观方面迥异，色泽美丽透明的符山石可作宝石。符山石玉（Vesuvian Jade）主要是由微晶质的符山石和钙铝榴石等矿物组成的致密状矿物集合体。符山石玉因 150 年前最早发现于美国加利福尼亚州故又名加州玉（Californite），其玉石为绿色、黄绿色致密块状符山石集合，石质细腻温润。绿色的符山石玉不论在色调上还是在摩氏硬度、相对密度等方面都与翡翠高度接近，容易混淆。

符山石玉主要产于美国、意大利、巴基斯坦等地，其中巴基斯坦的品质最好。中国河南桐柏回龙地区产出的回龙玉也属此类，新疆玛纳斯地区也出产符山石玉。

符山石
产地：美国科罗拉多州

符山石（褐黑色晶体）
产地：俄罗斯西伯利亚

符山石
产地：美国科罗拉多州

6. 电气石：百年前，它曾是人们心中时尚奢华的象征

化学组成：

$Na(Mg, Fe, Mn, Li, Al)_3Al_6[Si_6O_{18}][BO_3]_3(OH, F)_4$

英文名：Tourmaline

电气石是一种含硼的硅酸盐，加热时会带电（热电性），受到挤压时也会带电（压电性），因此得名。它们也容易吸附灰尘、纸屑等而被称为“吸灰石”，压电性良好的电气石还可以用于无线电工业。图中是来自美国加利福尼亚州的电气石，三方透明的柱状晶形带着优雅粉红颜色，给人一种梦幻的浪漫之感。

电气石晶体呈三方柱状，柱面上常出现纵纹，横断面呈球面三角形，集合体呈棒状、放射状、束针状。其颜色随成分不同而异：富含铁的电气石呈黑色；富含锂、锰、铯的电气石呈玫瑰色或淡蓝色；富含镁的电气石常呈褐色和黄色；富含铬的电气石呈深绿色。电气石具玻璃光泽，摩氏硬度为 7 ～ 7.5，相对密度为 3.03 ～ 3.25。

色泽鲜艳、清澈透明的可以达到珠宝级别的电气石称之为“碧玺”。因其颜色丰富多变，同一晶体不同部位常常出现不同的颜色（色带现象）而显得色彩斑斓，又被誉为“落入人间的彩虹”。碧玺不仅颜值高，还谐音“辟邪”，因此其收藏者众多。碧玺在历史上也是大受欢迎的宝石品种，整个清朝权贵几乎均为其追随者，不仅在日常把玩的碧玺鼻烟壶等物件上能见到碧玺装饰点缀，就连上朝所用的顶戴花翎、朝珠均有碧玺的身影。

世界上品质最好的碧玺来自巴西，此外，俄罗斯、马达加斯加、斯里兰卡、缅甸等地均产出碧玺。中国新疆阿勒泰、内蒙古和云南怒江也是碧玺的著名产地。

产于水晶中的电气石
产地：美国加利福尼亚州

电气石　产地：美国加利福尼亚州圣迭戈地区

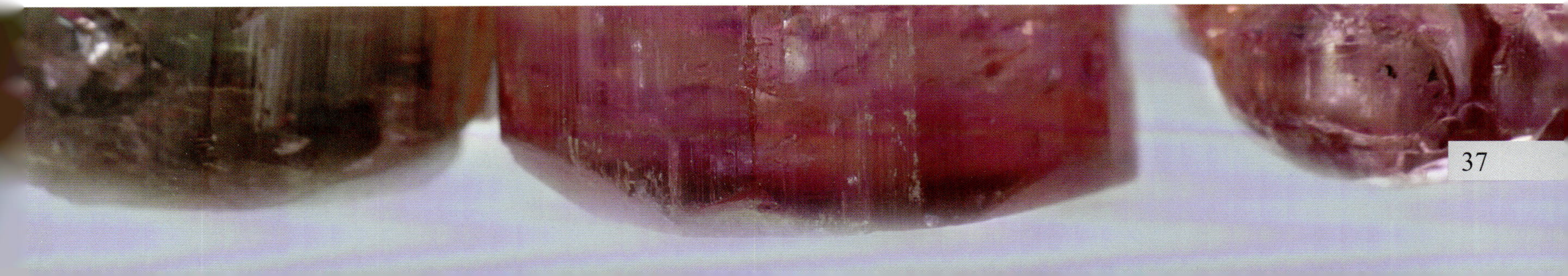

7. 绿柱石：在这个家族里，名贵珍稀的祖母绿定会让你痴迷流连

化学组成：$Be_3Al_2[Si_6O_{18}]$

英文名：Beryl

绿柱石是一种铍铝硅酸盐矿物，常见六方柱状晶体，柱面上有时具有稀疏的纵纹，常常有粗大的晶体产出，少数呈放射状或不规则块状集合体。

绿柱石并不仅仅是绿色，还常见白色、黄色、浅橙色、粉色、红色、蓝色、棕色、黑色等。依据颜色的不同，有不同的变种，颜色的多样与其成分中的铍（Be）和铝（Al）可被不同的致色微量元素替代有关。绿柱石家族中的祖母绿是由于其内部含铬（Cr）或钒（V）而呈翠绿色，海蓝宝石因含二价铁呈透明的天蓝色，铯绿柱石是因含铯（Cs）而呈玫瑰红色或粉红色，红色绿柱石是因含锰（Mn）所致，金绿柱石因含三价铁和少量氯（Cl）而带黄至金黄色。绿柱石具玻璃光泽，摩氏硬度为7.5 ~ 8，相对密度为2.63 ~ 2.91。

绿柱石是提取铍的最主要的矿物原料。铍有“空间金属”之称，广泛应用于航空、航天及原子能工业。

色泽美丽的绿柱石晶体可作为宝石，但很稀少。祖母绿（Emerald）是绿柱石家族中最高贵的品种，为国际珠宝界公认的五大名贵宝石之一，祖母绿被誉为“绿色宝石之王”，总是发出柔和而鲜亮的绿色光芒，其独一无二的绿色是其他绿色宝石所

海蓝宝石
产地：纳米比亚

无法比拟的。在西方文化中，祖母绿被人们视为爱和生命的象征，代表着充满盎然生机的春天。祖母绿也是5月份生辰石，是幸运与幸福的象征。中国人对祖母绿也是十分喜爱，人们视其为幸运、富贵和吉祥的象征，他们相信佩戴祖母绿能够带来好运和祝福，对事业、感情和财富都有积极的影响。

绿柱石家族中的海蓝宝石（Aquamarine）和摩根石（Morganite）也都是知名的宝石品种。海蓝宝石是天蓝色至海水蓝色的绿柱石，它以酷似海水蓝而得名，作为3月份生辰石，代表着沉着、勇敢、幸福和永葆青春的象征。摩根石是粉红色绿柱石，颜色有粉红色、浅橙红色到紫红色、玫瑰色、桃红色，作为一种粉色系宝石很受女生们的青睐，它代表着可爱、娇艳、青春和浪漫。

绿柱石的主要产地有南美洲的巴西，欧洲的奥地利、德国、爱尔兰，非洲的马达加斯加，亚洲的乌拉尔山和喜马拉雅山脉等地；中国内蒙古、新疆、云南等地也产绿柱石。最优质的祖母绿产在南美洲的哥伦比亚，祖母绿世界知名产地还有巴西、赞比亚、津巴布韦、马达加斯加、巴基斯坦、印度、阿富汗、俄罗斯、坦桑尼亚等地。中国祖母绿主要产于云南文山麻栗坡县和新疆阿勒泰地区。

绿柱石
产地：奥地利蒂罗尔州

8. 锂辉石：带你走近珠宝界的“暗夜精灵”

化学组成：$LiAl[Si_2O_6]$

英文名：Spodumene

图中标本分别是采自于美国西弗吉尼亚州的锂辉石和加利福尼亚州的透明淡粉色紫锂辉石标本。锂辉石是一种含锂的辉石族铝硅酸盐矿物，英文名“Spodumene”源自希腊文，原意是燃烧的灰烬。

锂辉石常呈无色或灰白色，因含杂质而带有黄色、绿色、紫色等，玻璃光泽至珍珠光泽。锂辉石常结晶为短柱状，横截面呈正方形，锂辉石的硬度较高（摩氏硬度为 6.5 ~ 7）。

锂辉石是提炼金属锂的原料矿物，也作为助熔剂广泛应用于陶瓷、电瓷、特种陶瓷材料及玻璃材料中。1902 年著名美国矿物学家乔治·佛烈德里克·昆兹（George Frederick Kunz）在加利福尼亚州发现紫色锂辉石，终结了锂辉石仅被用于提炼的历史，使它在珠宝界占有了一席之地。市场上称为锂辉石的宝石常指无色到浅黄绿色的品种，宝石级的锂辉石中有两个重要的变种，具有单独的名称。一种是呈翠绿色至蓝色调的锂辉石，名叫翠绿锂辉石，英文名 Hiddenite，直译为希登石。另一种称紫锂辉石，呈粉红色、玫瑰色、胭脂紫色、丁香紫色、薰衣草紫色等深浅不一的色彩，英文名 Kunzite，直译为孔赛石。

紫锂辉石有多色性，从不同角度观察紫锂辉石时，可以看到无色、粉色、紫色等颜色的变换。由于锂辉石的致色离子不稳定，一旦长时间暴露于阳光下，它就会褪色。因此，它也被浪漫地称为珠宝界的“暗夜精灵”或者“夜晚宝石”。

锂辉石在巴西、马达加斯加、美国、巴基斯坦、缅甸等地都有产出，中国的新疆等地也产出锂辉石。

锂辉石
产地：美国西弗吉尼亚州

透明淡粉色紫锂辉石
产地：美国加利福尼亚州

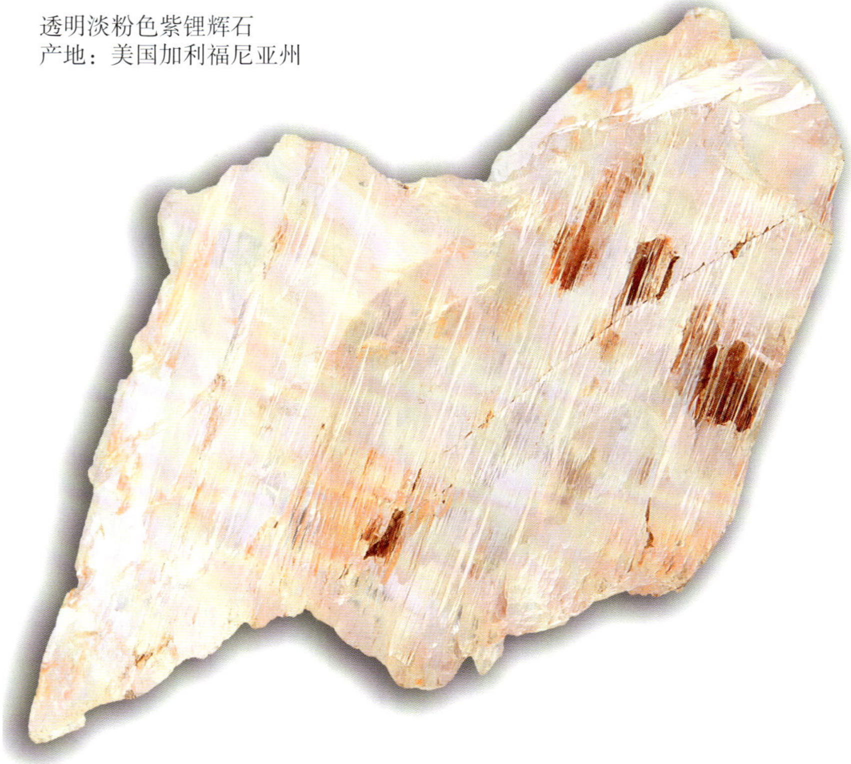

9. 锌蔷薇辉石：它是桃花玉，也是京粉翠

化学组成：
$(Mn, Ca, Zn)_5[Si_5O_{15}]$
英文名：Rhodonite

1819 年，一位德国学者沉迷地凝视着一块粉色矿石岩矿标本，脑海中浮现出盛放的蔷薇花，于是他从希腊语中取了蔷薇（Rhodo）之意，将其命名为蔷薇辉石（Rhodonite），蔷薇辉石又有别称“玫瑰石”。

蔷薇辉石是一种链状硅酸盐矿物，晶体呈板状或板柱状，集合体呈粒状或致密块状，具玻璃光泽，摩氏硬度为 5.5 ~ 6.5，相对密度为 3.40 ~ 3.75。

蔷薇辉石中多种元素可以相互替代，富铁和锌者分别称铁蔷薇辉石、锌蔷薇辉石，颜色也略有差异。图片标本呈现的就是锌蔷薇辉石，厚板状的蔷薇色晶体在时光的打磨下，显得饱满而鲜艳，独特的色彩是因其内部含锰所致。

20 世纪中叶，中国首次在北京昌平西湖村勘查出一处蔷薇辉石矿，因其结构与著名玉石翡翠相似，颜色又以粉色为主，所以将其命名为“京粉翠”。而在工艺界，人们更喜欢称其为“桃花玉”，它们质地坚硬，是一种理想的玉雕材料。

在俄罗斯历史中，蔷薇辉石则是一种很重要的雕刻石材，许多贵族所用的装饰性的立柱、石碗、瓷砖都是由蔷薇辉石制成的。

蔷薇辉石在世界的主要产地有德国、美国、澳大利亚、瑞典以及俄罗斯的乌拉尔等地。中国北京昌平、吉林汪清等都是著名的蔷薇辉石产地。

锌蔷薇辉石　产地：美国新泽西州富兰克林

锌蔷薇辉石　产地：美国新泽西州富兰克林

10. 针钠钙石：低调平凡的气质也能孕育惊世骇俗的风范

化学组成：$NaCa_2[Si_3O_8(OH)]$

英文名：Pectolite

图中来自美国新泽西州的针钠钙石标本中，白色针钠钙石集合体呈扫帚状、束状交错分布，别具一格。

针钠钙石于1828年由Kobell命名，其英文名Pectolite来源于希腊语“Pectos”，为“凝结”之意，指其半透明的形态。针钠钙石是一种单链状硅酸盐矿物，属于似辉石矿物群中的一种，一般为无色、白色和灰白色；透明或半透明，玻璃光泽或丝绢光泽；通常呈致密针状或纤维状集合体，也有呈放射状球粒集合体，摩氏硬度为4.5～5，性脆。针钠钙石的重要鉴定特征之一是其可以在盐酸中溶解并析出硅胶。

针钠钙石主要产在火山岩的杏仁体中，常常与沸石、方解石等共生。值得一提的是，人们生产生活中的锅炉等烧水后的残余水垢中常常也含有针钠钙石。

在针钠钙石的家族中，有一种稀有罕见的宝石级“成员”——蓝色针钠钙石，英文名称叫“Larimar”，俗称“海纹石”“海豚石”，世界范围仅产于加勒比海地区的多米尼加共和国，且产量稀少。海纹石具有美丽的蓝白相间的纹理，如同海水表面波光般的奇异纹路，在欧美、日本和中国台湾等地，蓝色针钠钙石炙手可热，属于珍贵的宝石品种。作为一个单一产地的宝石品种，海纹石展示了作为彩色宝石新晋贵族应有的风范。

针钠钙石矿分布比较广泛，北美洲、欧洲、俄罗斯、印度和南非等地均有产出，而蓝色针钠钙石仅产于多米尼加共和国。

针钠钙石
产地：美国新泽西州

针钠钙石　产地：美国新泽西州

青石棉
产地：南非西格里夸兰

11. 青石棉：柔和的外表下隐藏着令人望而生畏的危险

化学组成：$Na_2Fe_5[Si_8O_{22}]$

英文名：Crocidolite

石棉有很多种类，包括温石棉、青石棉、铁石棉、直闪石石棉、透闪石石棉、阳起石石棉等。自然界中分布最广的、一般所称的石棉为温石棉（占石棉总产量的95%以上），温石棉为蛇纹石石棉；而青石棉、直闪石石棉等属于角闪石类石棉，不同的石棉在应用领域上也存在一些差异。图中展示的是一块来自南非西格里夸兰的青石棉和来自加拿大魁北克省的温石棉（蛇纹石石棉）。

青石棉又名“蓝石棉”或“紫石棉”，组成青石棉的主要矿物是角闪石族中的钠闪石——一种富钠和三价铁的碱性角闪石，属于单斜晶系矿物，结晶常呈长柱状、针柱状，其摩氏硬度约为5，相对密度为3 ~ 3.42。

青石棉质地柔软、劈分性能好，过滤性良好，对各种放射性尘埃和毒气具有独特的过滤性能，在核反应堆及其他尖端国防工业中均有特殊用途。

但是，石棉是国际公认的致癌物，常导致肺癌和间皮瘤等恶行疾病，其致癌物主要来自它的粉尘，当这些细小的粉尘被吸入人体后，就会附着并沉积在肺部，造成肺部疾病。因此，许多国家选择了全面禁止开采和使用这种危险的矿物质。中国于2002年宣布禁止生产、进口和使用角闪石类石棉。

青石棉
产地：南非西格里夸兰

温石棉（蛇纹石石棉）
产地：加拿大魁北克省

12. 白云母：轻薄朦胧千层纸，云母屏风烛影深

化学组成：$KAl_2[AlSi_3O_{10}](OH)_2$

英文名：Muscovite

图中展示的片状矿物是来自加拿大安大略省的白云母标本，标本上的白云母外形规则，如书页一般轻薄。

白云母是分布很广的造岩矿物之一，是一种钾铝硅酸盐矿物，具层状结构，晶体一般呈板状、片状，外形为假六边形或菱形。细小鳞片状的白云母也称绢云母。多数白云母因含杂质而呈浅黄色、褐色、灰色、浅绿色、浅红色等，颜色变化主要是由于类质同象混入物引起的。白云母晶体呈透明至半透明状，发育一组极完全解理，用小刀或手指甲可以将其一层一层地剥成富有弹性的薄片。具玻璃光泽，解理面珍珠光泽，摩氏硬度在平行于极完全解理面的方向为 2 ~ 3，在其垂直方向为4，相对密度为2.76 ~ 3.10。

云母别称“云母石”“千层纸”“银精石”等，中国古时就出现了用云母制作的屏风、窗户和灯笼的透明挡风片等居家装饰。在《千金方》中将云母石作为一味中药使用（银精石），具有明目、止痢、补肾冷、安五脏、除死肌等功效。

白云母的物理化学性能稳定，具有绝缘、耐高温、隔热等特点，被广泛用于日用化工、陶瓷原料、油漆、塑料、橡胶、建筑、电气等工业领域。

白云母的产地遍布世界各地，主要产地有澳大利亚、玻利维亚、巴西、智利、加拿大、中国、法国、挪威、俄罗斯、斯洛伐克和美国等。

白云母集合体　产地：加拿大安大略省

片状白云母
产地：加拿大安大略省

13. 鱼眼石：阳光下，清新幽雅的晶体上散发着“鱼眼”般的反射色

化学组成： $KCa_4[Si_4O_{10}]_2(F, OH) \cdot 8H_2O$

英文名： Apophyllite

鱼眼石是一种含结晶水的钾钙硅酸盐矿物，因其解理面上的珍珠光泽酷似鱼眼的反射色，故称“鱼眼石”。

鱼眼石的晶体呈双锥状、等轴状、假立方状、柱状或者板状，此外，还会以块状、叶片状或粒状集合体的形式出现。鱼眼石透明或半透明，色彩丰富，晶体常见白色至灰色，也可见浅黄色、绿色、紫色、粉红色调，具有玻璃光泽，发育一组完全解理，解理面上珍珠光泽，摩氏硬度为 4.5 ~ 5。

鱼眼石形成于热液矿脉及玄武岩气孔中，往往会与多种矿物组合而成精美的标本。鱼眼石还形成于低级区域变质作用和接触变质作用的变质岩中。

若达到一定净度和绚丽颜色的鱼眼石则具有很高的收藏价值，也是制作各种首饰的珍贵原料，但是，能够达到宝石级别的鱼眼石十分稀少。

世界最著名的鱼眼石产地是印度，那里产大晶体的无色透明鱼眼石，还有漂亮的透绿色鱼眼石（如图所示）。除此以外，英国、巴西、美国、日本、澳大利亚、意大利、德国、南非等也是鱼眼石的产地。中国鱼眼石产地包括青海、江苏、辽宁和湖北等。

浅绿色鱼眼石
产地：印度

鱼眼石
产地：美国新泽西州

14. 海泡石："石中白金"的美誉绝非仅靠奶油般的颜值就能轻易斩获

化学组成：

$Mg_8(H_2O)_4[Si_6O_{15}]_2(OH)_4 \cdot 8H_2O$

英文名：Sepiolite

海泡石其德文名称为Meerschaum，"Meer"意为海洋，"Schaum"意为"泡沫"，结合起来即为"海的泡沫"。英文名称"Sepiolite"源自希腊文"Srlpta"，指一种体轻能浮于水面的海生动物乌贼，其骨骼多孔类似海泡石，故而得名。

海泡石是一种含水富镁的硅酸盐黏土矿物，具有层链状结构和特殊的多孔三维立体结构，比表面积较大。海泡石中存在三种形式的水：沸石水、结晶水和结构水（羟基）。海泡石在自然界中以两种形式出现，分别为α-海泡石和β-海泡石。前者呈大结晶纤维束产出，后者呈非晶质集合体或细小扁圆颗粒产出。海泡石的宏观外貌常呈白色、奶油色、浅灰白色致密状或松软多孔状、纤维片状、团块状产出。摩氏硬度为2～3，性软，有滑腻感；相对密度为2～2.5，多孔性海泡石能漂浮水上。

海泡石　产地：土耳其

海泡石所特有的结构决定它具备3种基本特性：吸附性、流变性、催化性，使其成为当前用途最广的矿物原料之一，被称为"石中白金"，广泛用于环保矿物原料、耐火材料、绝缘材料、抗辐射材料和催化材料，其性能优于凸凹棒石、活性炭、膨润土、硅藻石等其他非金属矿物材料，是名副其实的绿色工业原料。海泡石很早就被工匠们作为原材料雕琢加工成为精品烟斗，因此还有"烟嘴石"之称。

海泡石主要分布在西班牙、中国、美国、土耳其等少数国家，西班牙和中国的海泡石储量合计约占全球储量的80%。中国海泡石主要分布在湖南浏阳、湘潭、江西乐平、河北唐山等地。其中，湖南的海泡石储量巨大，湘潭地区堪称世界海泡石之都。

15. 滑石：这是矿物界柔软、细腻、光滑的最佳代言

化学组成：$Mg_3[Si_4O_{10}](OH)_2$

英文名：Talc

滑石又名液石、冷石、番石、共石，是一种很常见的具层状结构的硅酸盐矿物。它非常软并且具有滑腻的手感，故而得名。

纯净的滑石为白色或微带浅黄、粉红、浅绿色，颜色主要由杂质引起，玻璃光泽，解理面显珍珠光泽晕彩，具有极完全解理。单个晶体少见，通常呈致密块状、片状、鳞片状、纤维状或放射状集合体。摩氏硬度为1，是自然界中硬度最低的矿物，指甲可以轻易将其刻划并刮下白色粉末。

滑石的用途很多，如作耐火材料、造纸、橡胶的填料、农药吸收剂、皮革涂料、化妆材料及雕刻用料等。滑石作为中药材使用的历史悠久，《神农本草经》《中华本草》《中药大辞典》等中医典籍中均有记载，具有利尿通淋、清热解暑之功效；外用可治疗痱子、湿疮、湿疹等皮肤病；内服可镇吐止泻，阻止毒物吸收；此外，滑石粉对伤寒杆菌、副伤寒杆菌及脑膜炎球菌也有抑制作用。

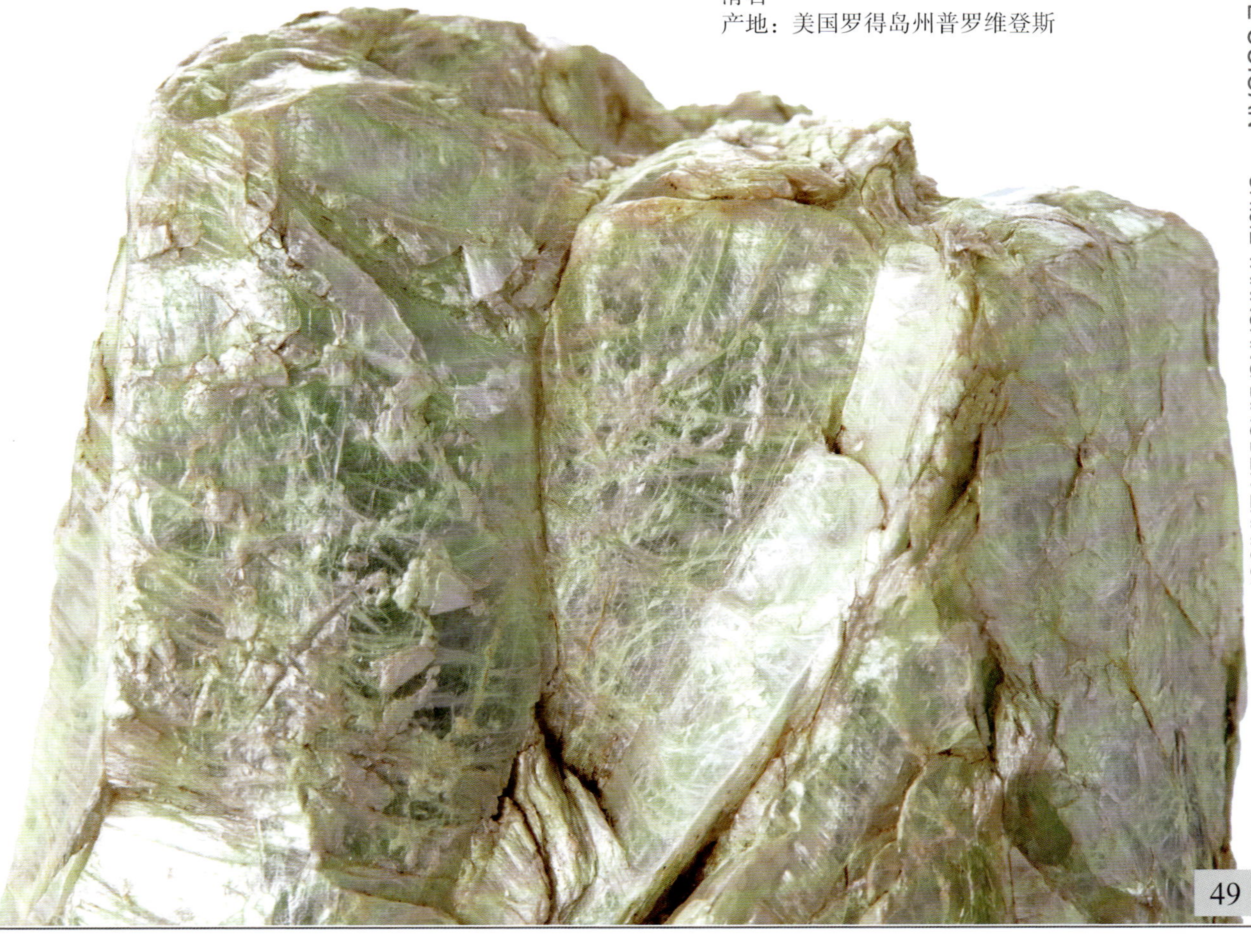

滑石
产地：美国罗得岛州普罗维登斯

滑石
产地：美国罗得岛州普罗维登斯

16. 钠长石：历经千年磨砺，终究温润有方

化学组成： Na [$AlSi_3O_8$]

英文名： Albite

钠长石是长石家族矿物中的一员。长石（Feldspar）是最重要的造岩矿物，广泛产出于各种岩石中，也是地壳中含量最高的矿物，约占地壳总质量的 50%。长石是由钾长石、钠长石、钙长石 3 种端员成分所组成的混溶矿物。钠长石是斜长石中富钠的端员，于 1815 年首先在瑞典被发现。图中来自美国科罗拉多州的标本上，白色结晶较大的为钠长石，黄色细粒结晶的为微斜长石。

钠长石属三斜晶系，晶体常呈板片状或条状、叶片状（叶钠长石）。颜色一般为无色、白色、黄色，玻璃光泽，摩氏硬度为 6 ~ 6.5，相对密度为 2.62。钠长石常见聚片双晶，在伟晶岩和长英质火成岩中很常见。

钠长石是玻璃制造中混合料的主要成分。除了制造玻璃外，钠长石还是陶瓷工业中必不可少的原料，主要用于陶瓷工业中的陶瓷坯体配料和釉料。钾长石、钠长石还是生产化肥的重要原材料。

除了工业用途外，钠长石也具备珠宝属性，在缅甸及中国腾冲、瑞丽一带，就有色泽美丽的珠宝级含钠长石的翡翠。在珠宝市场上，由较纯净的钠长石组成的玉石又称水沫玉，因内多有微小气泡，看上去好似泛起的水花，故冠以此名。

钠长石在中国储量丰富，湖南省衡阳县界牌镇大牌岭矿区就是以产钠长石为主的矿区，雄居亚洲之冠。

钠长石
产地：美国弗吉尼亚州

钠长石（白色）和微斜长石（灰黄色）
产地：美国科罗拉多州

钠长石　产地：澳大利亚

钠长石（白色）和微斜长石（灰黄色）　产地：美国科罗拉多州

17. 拉长石：闻名古今的“和氏璧”就是它？

化学组成：
$(Na, Ca)[(Al, Si)_4O_8]$
英文名：Labradorite

拉长石是斜长石的一种，其中文的“拉”字取自其英文名 Labradorite，由 1770 年在加拿大东北部拉布拉多半岛（Labradorite）福特港（Ford Harbour）发现晕彩拉长石而得名。图中展示标本即是来自于加拿大拉布拉多地区的晕彩拉长石标本。

拉长石中 $NaAlSi_3O_8$（钠长石）分子占 50% ~ 30%，$CaAl_2Si_2O_8$（钙长石）分子占 50% ~ 70%。

拉长石一般为灰色至褐灰色，偶尔也有黄色、褐色、红色和绿色。晶体常呈块状、板状，具玻璃光泽，摩氏硬度为 6，相对密度为 2.65 ~ 2.75。

拉长石中有少数具有晕彩效应，称“晕彩拉长石”。晕彩是矿物假色，指在明亮的光源下将拉长石转动到特定角度时，其表面会出现一定面积的彩色光晕，光晕常为蓝紫色，也可出现更丰富的颜色组合；漂亮的拉长石表面甚至还可出现彩虹的色彩，被称为“光谱石”。

据专家考证，我国春秋战国时期价值连城的“和氏璧”可能就是一块拉长石玉。唐代杜光庭《录异记》中“侧而视之色碧，正而视之色白”的特征与晕彩拉长石具有的特殊光学效应一致。著名地质学先驱章鸿钊先生在所著《石雅》一书中猜测认为：和氏璧为宝石性质的拉长石，产于荆山地区基性岩石中。许多矿物学界的学者也支持这一观点。

在现今珠宝市场上，拉长石是比较常见的中低档宝石品种，可用作宝石、饰品和雕塑材料。

拉长石广泛出现于各种基性和超基性岩中。宝石级的拉长石最知名产地在加拿大拉布拉多东北部海岸。

拉长石
产地：加拿大拉布拉多

拉长石的晕彩效应
产地：加拿大拉布拉多

18. 天河石：有一种美来自明亮色泽与栅格般闪光的融合

化学组成：Na[$AlSi_3O_8$]
英文名：Amazonite

天河石
产地：挪威克拉格勒

红色微斜长石
产地：加拿大安大略省

天河石又称“亚马逊石”，是微斜长石中的一种。微斜长石与正长石、透长石等均属钾长石，是长石家族中的一员，它们化学成分相同，但结构稍有不同。微斜长石具有玻璃光泽，摩氏硬度为 6 ~ 6.5，颜色常见有白色、米黄色、红色等，如图所示为红色微斜长石，蓝绿色的微斜长石变种即为天河石。

天河石仅凭颜色很容易被误认为是翡翠、蛇纹石、绿松石或东陵石等。对于天河石呈蓝绿色的原因目前还未形成完全统一的认识，有观点认为是晶体结构中的钾离子部分地被铷、铯离子所取代，也有观点认为是微量的铅取代了钾，或认为是由于晶体结构缺陷所产生的色心导致。

天河石　产地：挪威克拉格勒

天河石可以制成装饰石、戒面或雕刻品等，翠绿色的天河石可作为翡翠的代用品。颜色纯正的蓝色、翠绿色且质地明亮、透明度好的天河石为优质品。天河石的表面常常能见到明亮的栅格状绿色和白色的色斑，这是由于它独特的格子状双晶结构引起的，利用该特征可以将其与翡翠相区别。

在工业上，天河石可用作陶瓷原料和玻璃熔剂，可以防止在玻璃中析出晶体而影响其透明度，有时天河石也用作提取金属铷的原料。

世界上，天河石的主要产地有巴西、美国、加拿大、莫桑比克和秘鲁等。中国新疆、江苏、甘肃、内蒙古、云南、四川等地也产天河石。

19. 钠沸石：充满“魔法”能力的矿物，既能沸腾，又能再生

化学组成：$Na_2Al_2Si_3O_{10} \cdot H_2O$
英文名：Natrolite

1756 年，瑞典科学家克朗斯提（Axel Fredrik Cronstedt）在偶然的情况下发现一种矿石在灼烧时，孔道中的水急速气化排除，好像沸腾了似的，因此将这种石头命名为沸石（Zeolite）。该名称源自希腊文中的“煮沸”（Zeo）与“石头”（Lite）两个单词。图中来自美国俄勒冈州的钠沸石呈白色束状、放射状集合体。

沸石是一个庞大的矿物族群。沸石族矿物为含水的碱或碱土金属的铝硅酸盐矿物，内部具架状结构。钠沸石是纤维状沸石中的一员，属斜方晶系，晶体呈柱状或针状，常见生长为放射状晶簇。晶体颜色为无色或白色，晶体呈透明至半透明，具玻璃光泽，摩氏硬度为 5 ~ 5.5，相对密度为 2.25。

在自然界中，钠沸石作为一种天然矿物常以非常细的针状或者放射状产出于火山岩的裂隙或者晶洞中。有时钠沸石作为某些硅酸盐矿物如霞石、白榴子石等的变化产物，也可作为自生矿物产于沉积岩中。

造型独特或品质优良的钠沸石可以作为珠宝和工艺品的原料。钠沸石还广泛用于工业生产。因沸石的内部充满了细微的孔洞及管道，对分子有筛选作用，故被用作“分子筛”，用于工业废气、废水的处理，也被用作家用清洁剂的软化剂、肥料和饲料的胺基固定剂。

通过科学家的不断试验和实践，目前已经可以人工合成钠沸石，且工艺简单，经济可行，容易实现工业化批量生产，大大拓展了钠沸石的应用前景。

钠沸石
产地：美国俄勒冈州

钠沸石
产地：美国俄勒冈州

20. 辉沸石：大自然馈赠给人类的干燥剂和吸附材料

化学组成：
$Na_2Ca_4[Al_{10}Si_{26}O_{72}] \cdot 28H_2O$
英文名：Stilbite

图中来自冰岛的辉沸石标本中，辉沸石呈棱角分明的片状及板状结晶，如落地霜花般洁白。辉沸石是沸石族矿物中的一员，而该矿物的最初发现地正是冰岛。

沸石族矿物内部具架状结构。由于化学组成和晶体结构存在差异造就了各种各样的沸石。沸石族矿物晶体形态多数呈纤维状或束状、柱状，部分为板状、菱面体、八面体、立方体等近三向等长的粒状。辉沸石属于沸石家族中的成员之一，常呈无色、白色、淡黄色、棕色或粉色等，结晶呈板状、片状或纤维状，集合体常呈放射状、晶簇状，常见十字贯穿双晶。辉沸石具玻璃光泽，摩氏硬度为 3.5 ~ 4，相对密度为 2.09 ~ 2.22。

辉沸石　产地：冰岛

辉沸石有着重要的经济价值。与钠沸石类似，因其晶体内部存在着大量的空隙和通道使它成为天然的“分子筛”，主要用作干燥剂、吸附剂、催化剂和洗涤剂等，在环境保护、废气废水处理净化、农业土壤改良、化学工业等领域有着广泛用途。此外，具有观赏价值的辉沸石也可作为矿物收藏品。

辉沸石的主要产地有冰岛、印度、美国新泽西州、加拿大新斯科舍省、德国等。

辉沸石
产地：冰岛

21. 方解石：我的踪迹，遍布山川大地

化学组成：$Ca[CO_3]$
英文名：Calcite

方解石主要化学成分为碳酸钙（$Ca[CO_3]$），晶体无色或白色，Fe、Mn、Cu 等元素的混入会使其呈浅黄、浅红、紫、褐黑色等。方解石的形态多样，常见晶体为菱面体或偏三角面体，若片状或纤维状的方解石呈平行或近似平行的连生体，分别称为层解石和纤维方解石。摩氏硬度为 3，遇稀盐酸会产生大量二氧化碳气体。敲击方解石常可得到很多方形碎块，故名“方解”，这是由于方解石发育平行三组完全解理所致（如图中紫色方解石可见清晰的完全解理）。某些方解石还具有发光性。

方解石是地球表面广泛分布的一种矿物，可以形成于各种地质作用中。自然界中方解石是石灰岩、大理岩的主要组成矿物。在泉水中沉积的石灰华主要成分也为方解石，在火成岩内方解石常为次生矿物，沉积岩的裂缝内常有方解石充填而成细脉，生物作用形成的方解石还以贝壳或岩礁的方式产出，可以说方解石是地球浅表层最常见的矿物之一。

无色透明的方解石称为冰洲石，高品质的冰洲石晶体结构完整、晶莹剔透，常常作为观赏和收藏用。冰洲石有一个有趣的特点，透过它能看到物体的双重影像，那是因为冰洲石具有最大的双折射功能，这样的特性使其主要用于国防工业和制作高级光学材料且难以被其他材料所替代。

方解石广泛用作冶金熔剂、建筑材料和化工原料。方解石还可以入药，有清热利湿、通脉解毒等功效。

紫色方解石
产地：美国密苏里州

方解石　产地：美国

22. 白云石：这是一种拥有着神秘身世的矿物

化学组成：$CaMg[CO_3]_2$
英文名：Dolomite

白云石是一种碳酸盐矿物，由法国的矿物学家和化学家Deodat Gratet de Dolomieu（1750 ~ 1801年）首次发现。因首次发现地为阿尔卑斯南麓的多洛米蒂山区而得名。为了区分矿物和岩石，研究人员于1948年又引入了“Dolostone”特指白云岩（岩石），“Dolomite”用来指白云石（矿物）。

白云石晶体呈菱面体，晶面常弯曲成马鞍状，三组菱面体解理完全，性脆，摩氏硬度为3.5 ~ 4，聚片双晶常见。集合体通常呈粒状、块状。白云石中常有铁、锰等元素替换镁元素，当铁或锰原子数超过镁时，称为铁白云石或锰白云石。纯白云石为云彩一般的白色，因含其他元素和杂质时呈灰绿色、灰黄色、粉红色、黑色等色调，风化后呈褐色。

白云石和方解石在外观上看起来非常相似，二者都是碳酸盐岩的主要组成矿物且常常相生相伴。尽管二者在自然界中均分布广泛，但与方解石不同的是，白云石的身世更加神秘，它的形成对地质学家来说是个难题。多年以来研究人员曾提出过多种白云石的成因方式，但几乎没有一种方式得到广泛认可。针对它的成因，学术圈还有专门的术语来形容它－“白云石问题”。时至今日，我们对其成因的认识仍然有限，相关理论仍在不断研究完善中。

白云石是一种用途非常广泛的非金属矿产，可以作为炼钢时用的转化炉的耐火内层、造渣剂、水泥原料、玻璃熔剂、肥料、建筑与装饰用石材，也是重要的提炼金属镁的原料。

白云石
产地：美国纽约塔卡霍

白云石
产地：美国纽约塔卡霍

23. 菱锰矿：阿根廷的国石，拥有“红纹石”“印加玫瑰”之美名

化学组成： $Mn[CO_3]$
英文名： Rhodochrosite

菱锰矿是一种碳酸盐矿物，最早发现于阿根廷安第斯山脉，有“阿根廷石”的名称，在国内商业上也被称为“红纹石”。它的英文名称“Rhodochrosite”源自希腊词“Rhodon”和“Chrosis”，分别指玫瑰（Rose）和颜色（Color），用来描述它特殊的玫瑰红色。菱锰矿的理论化学组成为碳酸锰，成分中还可含有 Fe、Ca、Zn、Mg 等元素，正是成分中的锰离子使其呈现这种迷人的色彩。

菱锰矿单体呈菱面体、柱状或板状。热液成因者多呈粒状或柱状集合体；沉积成因者则多呈隐晶质，块状、结核状、肾状、钟乳状、土状集合体。菱锰矿颜色除常见的玫瑰红色外，有时也呈棕色、橘黄色或浅黄色，氧化后会变为褐黑色，摩氏硬度为 3.5 ~ 4，具有玻璃光泽，性脆，遇盐酸会起泡。

菱锰矿是提取锰的重要原料矿物。色泽艳丽，透明的菱锰矿可作为低档宝石和工艺装饰品原料。优质的菱锰矿具有一流的收藏价值，美国科罗拉多州甜屋矿山（The Sweet Home Mine）产出的菱锰矿是世界各地博物馆和国际矿物收藏家的必备藏品之一。阿根廷的菱锰矿属于沉积成因，色彩和花纹独特，被称为“印加玫瑰”，被誉为阿根廷的国石。

世界上许多国家都产菱锰矿，但真正能作为收藏品的菱锰矿却非常少。中国也出产高品质的菱锰矿矿物晶体。

菱锰矿　产地：美国蒙大拿州

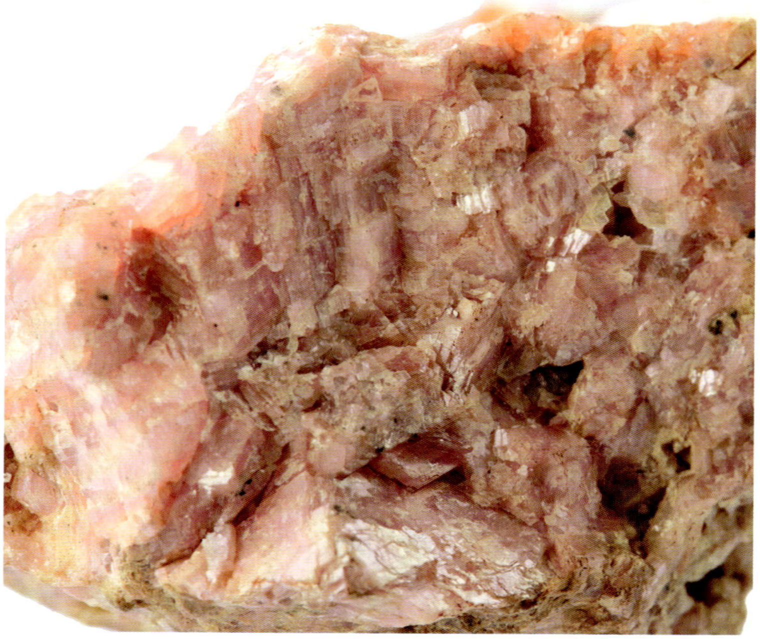

菱锰矿　产地：美国蒙大拿州

菱锰矿　产地：中国广西

24. 白铅矿：历经风化的白色结晶，寻找铅矿的标志

化学组成： $Pb[CO_3]$
英文名： Cerussite

白铅矿英文名 Cerussite，其字源为拉丁文“Cerussa”，意为“白色的铅”，这是早期称呼人造碳酸铅的术语。白铅矿是铅的碳酸盐矿物，晶体常为薄板状、片状、棒状、假六方双锥状。集合体常呈致密块状、粒状、钟乳状或土状，白铅矿晶体常常能交织成网状，甚至雪花状，具观赏价值。

顾名思义，白铅矿颜色以白色、灰色为主，多见白色微带浅灰色调，亦有黄色、红棕色或蓝绿色等，含有硫化铅、硫化银微粒混入物者为黑色，含铁者呈褐色；玻璃光泽至金刚光泽。摩氏硬度为 3 ~ 3.5，性脆，相对密度为 6.4 ~ 6.6，如此高的密度在透明矿物中甚是少见。

白铅矿主要生成于铅锌或含铅矿床的氧化带，是方铅矿风化后的产物。白铅矿常与方铅矿、闪锌矿、铅矾等伴生。因此，白铅矿也是寻找铅矿的标志。

白铅矿
产地：美国爱达荷州

白铅矿　产地：美国爱达荷州

白铅矿可用于提取金属铅，还可以用作白色颜料。白铅矿多样的晶形和独特的双晶使它呈现出丰富多变的造型，有时与其他矿物共生具有很高的观赏价值，是矿物收藏家的收集对象。

白铅矿的世界著名产地有美国、捷克、俄罗斯、意大利、纳米比亚、澳大利亚、德国等。其中纳米比亚奥希科托省楚梅布矿区产出的白铅矿，常见纯净美丽的单晶、穿插双晶或雪花状集合体等，造型独特，精美珍奇，观赏价值很高。

25. 孔雀石：带着孔雀翎羽的华彩，为世界增添一缕缤纷

化学组成：$Cu_2[CO_3](OH)_2$
英文名：Malachite

孔雀石是含铜的碳酸盐矿物，主要成分为碱式碳酸铜，由于颜色和质感酷似孔雀羽毛而获此美名，在中国古代被称为“石绿”“绿青”等。天然产出的孔雀石色调深浅有变化，从暗绿色、鲜绿色到白色，有的与翡翠或祖母绿相似。孔雀石单晶体呈柱状、针状或纤维状，但不常见，它常常以集合体呈现，为晶簇状、肾状、葡萄状、皮壳状等。在肾状或葡萄状集合体内部具有同心纹层和放射纤维的特点，由深浅不同的绿色组成环带和花纹，独具特色。

孔雀石产于铜矿的氧化带，与辉铜矿、赤铜矿、蓝铜矿等铜矿物紧密共生。孔雀石可以作为冶炼铜的原料，粉末可以做绿色颜料用于绘画；也可入药，具有解毒、去腐、杀虫之功效。

孔雀石摩氏硬度为 3.5 ~ 4，小刀可以将其刻划，遇酸会产生气泡，不能长时间保持好的光泽，因此佩戴孔雀石装饰品要注意小心保存并防止刮花。质纯色美的孔雀石用作装饰品及艺术品具有独特的高雅气质。

非洲的赞比亚、纳米比亚、刚果（金）盛产孔雀石，俄罗斯、澳大利亚、美国等国也是著名产地。中国广东阳春石菉铜矿、湖北大冶、赣西北也产孔雀石。

孔雀石
产地：刚果（金）

孔雀石　产地：刚果（金）

孔雀石　产地：美国亚利桑那州

26. 蓝铜矿：它是盛放的靛青花朵，也是人类文明的重要使者

化学组成：$Cu_3[CO_3]_2(OH)_2$

英文名：Azurite

蓝铜矿
产地：美国亚利桑那州

蓝铜矿是一种碱性铜碳酸盐矿物，具有独特的深蓝色、浅蓝色调，在中国古称石青，是矿物颜料之一，常被用作中国传统绘画、建筑绘画的颜料。

蓝铜矿晶体的形态多样，常呈短柱状、柱状或厚板状，集合体呈致密块状、晶簇状、放射状、土状或皮壳状等，性脆，摩氏硬度为 3.5 ~ 4.5。

蓝铜矿和孔雀石在赏石界中被称为一对孪生姐妹，因为它们不但化学成分、结晶习性相近，而且硬度、相对密度也相仿，两种矿物共生时，可以看到靛青花般的蓝与孔雀羽毛般的绿交相辉映，在铜矿家族中相伴、相生。蓝铜矿会因风化作用吸收空气中的水分并释放二氧化碳后转变为孔雀石，反之，当铜矿的氧化层处在封闭、干燥、二氧化碳充足的环境时，孔雀石也能转变成蓝铜矿。这种相互可逆互生的转化关系，在自然界的矿物群落中是很罕见的。蓝铜矿和孔雀石常出现于铜矿床接近地表的环境中，可以作为寻找铜矿的标志。

蓝铜矿是冶炼铜金属的重要矿物。自石器时代到青铜器时代，人类就将其开采用于铸造工具、兵器和生活器皿。除了冶炼以外，它还可以制作蓝色颜料，质优的蓝铜矿还可以作为观赏石材或制作成工艺品，但蓝铜矿用作宝石不耐用。

蓝铜矿的世界著名产地有非洲的赞比亚、纳米比亚、刚果（金），南美洲、澳大利亚、俄罗斯、美国也是蓝铜矿的重要产地。中国也盛产蓝铜矿，广东阳春石菉铜矿是一座从春秋时期就开采的老矿。

27. 重晶石：朴素简洁的外形，沉甸厚重的气质

化学组成：$Ba[SO_4]$
英文名：Barite

重晶石
产地：罗马尼亚

重晶石
产地：罗马尼亚

图示标本中的浅白色、无色透明板柱状矿物晶体就是重晶石，来自罗马尼亚。从外观上看，它与水晶、方解石、天青石、萤石等矿物相似，但又以低硬度、高密度的独特性质区别于这些矿物。重晶石因其密度大而得名，英文名称从古希腊文中的“重”字衍生而来。当重晶石含有较多铅（Pb）时称北投石，因发现于中国台湾北投温泉而得名。

重晶石是一种钡的硫酸盐，也是自然界分布最广的含钡矿物。纯净的重晶石无色透明，一般呈白色、灰白色、浅黄色、浅褐色，具有玻璃光泽，摩氏硬度为 3 ~ 3.5，相对密度为 4.3 ~ 4.5。单晶体通常以厚板状为主，集合体呈纤维状、结核状、块状等。

重晶石是一种很重要的非金属矿物原料，具有广泛的用途。它是提取钡的重要原料矿物。研磨成细粉可作为钻探泥浆的加重剂，防止井喷事故的发生。由重晶石制取的立德粉（锌钡白）是一种常用的优质白色颜料，颜色纯白，遮盖力强，广泛用于油漆、绘画等方面。重晶石具有吸收 X 射线的性能，用重晶石制作钡水泥、重晶石砂浆和重晶石混凝土，广泛用于建造科研、实验、医院等防 X 射线的建筑物。

全球重晶石资源仅集中在中国、哈萨克斯坦、印度、伊朗、美国等少数国家。中国的重晶石储量和产量均居世界首位，也是世界最大的重晶石出口国，著名产地有贵州、湖南、广西、甘肃、陕西等。

28. 天青石：雨过天青云破处，这般颜色做将来

化学组成： $Sr[SO_4]$
英文名： Celestite

天青石是一种硫酸盐矿物，纯净晶体为无色透明，通常呈白色、浅蓝灰色、蓝色，有的晶体会呈现雨后初霁般清幽淡雅的天空色，非常迷人，其英文“Celestite”也包含“天空、天堂”之意，故而得名。

天青石一般呈板状、柱状、片状，集合体常呈钟乳状、结核状、纤维状、细粒状等。天青石摩氏硬度为 3 ~ 3.5，紫外线照射下显荧光。

天青石主要见于石灰岩、白云岩、石膏岩等沉积岩中，热液成因的天青石常以矿脉产出。

在工业生产领域，天青石矿主要用于生产碳酸锶，制造电子显像设备。锶的不同化合物燃烧可发出各种绚丽的光，常用于制造焰火及信号弹等。锶化合物还被应用于润滑脂、陶瓷釉料和药品领域。

天青石是最重要的锶矿物，但是全球天青石资源分布不均，具有开发价值的矿床不多。墨西哥和西班牙是天青石储量大国，拥有天青石资源的国家还有土耳其、伊朗、塔吉克斯坦、巴基斯坦、俄罗斯、美国、英国、德国、阿尔及利亚、摩洛哥和加拿大等。中国的天青石矿床主要分布在青海、江苏、四川、陕西、湖北、云南等地。

天青石
产地：美国俄亥俄州

29. 胆矾：冷艳魅惑的“蓝色妖姬”

化学组成：$Cu[SO_4] \cdot 5H_2O$
英文名：Chalcanthite

图中展示标本中的细小晶体集合在一起，仿佛一朵蓝色绣球花，艳丽而迷人。标本的采集地美国亚利桑那州比斯比是世界铜矿资源最丰富的地区之一，矿区产出大量的含铜矿物标本精品。

胆矾是一种硫酸铜水合物，单晶体呈短棱柱状、厚板状，集合体呈钟乳状、纤维状、块状、粒状、包壳状等。颜色为天蓝色、深蓝色、蓝绿色、淡绿色等，因胆矾以天蓝色为主，又被称为“蓝矾”；如果暴露在干燥的空气中会由于失去水而变成不透明的浅绿白色粉末。摩氏硬度为 2.5，相对密度为 2.1 ~ 2.3。

在自然界中，胆矾常常出现在干燥地区的铜矿氧化带内，它的出现也可以作为铜矿的找矿标志。不少矿物爱好者会将一些精美的胆矾作为观赏石收藏。不过胆矾不易保存，如果太干或温度过高的环境，胆矾会失去结晶水，太湿则易溶解。此外，胆矾硬度很低，易碎。

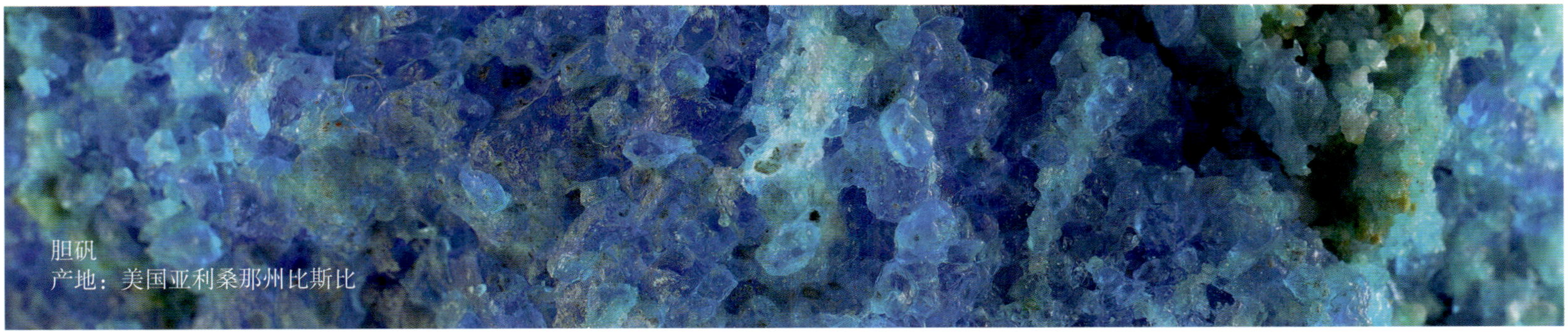

胆矾
产地：美国亚利桑那州比斯比

胆矾也有“铜矾”之称，北宋科学家沈括在《梦溪笔谈》中便有“烹胆矾则成铜”。其实如今学过化学的朋友们就知道，所谓胆矾炼铜不过是硫酸铜溶液与铁作用，发生了化学置换反应，生成硫酸亚铁和金属铜。

胆矾的化学式为五水硫酸铜，具较大毒性，因此也是最致命的矿物之一。胆矾自《神农本草经》始，均被历代医书所记载，与其他药物不同，胆矾治病是以毒攻毒。由于胆矾具有较大的毒性，应避免吞食或者吸入胆矾粉尘，也应避免将其释放到环境中。

胆矾
产地：美国亚利桑那州比斯比

30. 硬石膏：蒸发作用下的天然凝胶材料

化学组成：Ca $[SO_4]$
英文名：Anhydrite

硬石膏是一种硫酸盐矿物，它的化学成分为无水硫酸钙，晶体为厚板状或柱状，但良好晶体形态者少见，集合体多呈纤维状、致密粒状或隐晶质块状。

硬石膏为无色或白色，常微带浅红色、浅蓝色和浅灰色等。玻璃光泽，摩氏硬度为 3 ～ 3.5，相对密度为 2.98。

石膏系列矿物中存在 5 个相、7 个变体，通常所称的石膏泛指硬石膏和生石膏这两种变体。生石膏化学成分为二水硫酸钙（$Ca[SO_4] \cdot 2H_2O$），在矿物学上即称石膏。硬石膏与石膏的不同之处在于它不含结晶水。自然界中硫酸钙的两种稳定形式就是硬石膏和石膏。

在自然界中，硬石膏主要为化学沉积成因，是蒸发作用的产物，大量形成在盐湖中，常与石膏、石盐等共生。在地表的条件下石膏比硬石膏更为常见，这是因为硬石膏在接近地表的部分，由于外部压力的减低，受地表水作用吸收水分后会转变为石膏。

硬石膏转变为石膏后其体积会显著增大（约 30%），这对工程建筑有危害性。天然硬石膏可做胶凝材料，主要用于水泥工业。将硬石膏加入适量的激发剂（如石灰、页岩灰、粒化高炉矿渣、硫酸钠、硫酸氧钠等）共同磨细而制得的气硬性胶凝材料（无水石膏水泥），可用于配制建筑砂浆、保温混凝土、抹灰及制造石膏制品和石膏板等。

硬石膏　产地：加拿大

硬石膏　产地：加拿大

31. 绿松石：穿越千年的“睡美人”，清澈的容颜从未改变

化学组成：
$CuAl_6[PO_4]_4(OH)_8 \cdot 4H_2O$
英文名：Turquois

图中的绿松石标本采自美国亚利桑那州，因采集地当地矿山形似睡美人，这里的绿松石也被称为“睡美人”绿松石。它们以高瓷高蓝，无铁线无杂质而著名。

绿松石是一种含铜磷酸盐矿物，常为隐晶质的致密块状、结核状、豆状或葡萄状等，偶见柱状晶体。绿松石颜色从天蓝、淡蓝、绿到黄绿都有。蜡状光泽，摩氏硬度为 5 ~ 6，相对密度为 2.60 ~ 2.80。

“形似松球，色近松绿”，这是绿松石矿物学名字的来源。欧洲和日本则称其为“土耳其玉”或“突厥玉”，这是因为过去欧洲人误以为它产自土耳其，实则土耳其只是中转站，古波斯才是绿松石的产地。虽然名字叫绿松石，但天蓝色才是最标准的绿松石色，以纯正艳丽的天蓝色为上品，可以作为昂贵的首饰和高级艺术雕刻材料。精品绿松石经过抛光以后，质地细密光洁似瓷，也被称为“瓷松石”。

绿松石是世界上最古老的玉石之一，是人类历史文化的见证者。早在 5500 年前，古埃及国王就佩戴了珠粒绿松石。考古发现，中国绿松石的使用历史也在 5000 年以上，越王勾践剑的背面便镶嵌着绿松石。

全世界产出绿松石的地区很多且储量丰富，最早开采绿松石的矿山就在连接非洲与亚洲的西奈半岛上。美国亚利桑那州绿松石闻名遐迩。中国湖北郧阳、郧西、竹山一带的优质绿松石也是世界著名的绿松石。

绿松石
产地：美国亚利桑那州

32. 银星石：大自然鬼斧神工下的艺术佳作

化学组成：
$Al_3[PO_4]_2(OH, F)_3 \cdot 5H_2O$
英文名：Wavellite

图中来自美国阿肯色州的银星石标本上分布着如花朵般美丽的黄绿色放射状集合矿物，即为银星石。

银星石是一种含羟基的铝磷酸盐矿物，属于斜方晶系，单体呈柱状，常见球状或柱状集合体，若将球状集合体剖开，里面可以看到如花瓣一般向四周发散的针状结晶。银星石颜色呈黄绿、绿白、青色等。具有玻璃光泽或油脂光泽。自然界产出的银星石颗粒小、数量少，通常出现在磷矿的地表氧化强烈的位置，分布于岩石表面、裂隙、角砾间隙中，可由磷灰石变化而成。

因为造型奇特，颜色也非常好看，银星石多为收藏观赏用，尤其是岩石缝隙中生长的较大银星石集合体，观赏价值高。当光线照耀放射状的银星石表面时，会散射出水晶一样的耀眼光芒。正因如此，银星石便成了国内外部分收藏者喜欢的藏品矿物之一，在世界标本市场上有较高的曝光率。高档的银星石标本主要来自美国，此外，在英国、玻利维亚等国家也有产出。

银星石
产地：美国阿肯色州

银星石
产地：美国阿肯色州

33. 赤铅矿：如红色风信子般的美丽矿物

化学组成：Pb [CrO_4]
英文名：Crocoite

图中标本上散布的橘红色呈长柱状的鲜艳矿物晶体就是赤铅矿。标本采自赤铅矿的世界著名产地——澳大利亚塔斯马尼亚州。赤铅矿由普鲁士地质学家莱曼于 1761 年到西伯利亚乌拉尔考察时发现。

赤铅矿又被称为红铅矿或铬铅矿，主要化学成分为铬酸铅，通常呈鲜艳的风信子红，橘红或橘色。发育完好的赤铅矿晶体呈长柱状，也呈锥状、板状单体，集合体常呈晶簇状、块状、薄膜状等。赤铅矿具有金刚光泽，半透明，性脆，摩氏硬度为 2.5 ~ 3。

造型精美的赤铅矿标本上可见橘色鲜艳、灿若晚霞的晶体，可以作为观赏收藏品。鲜艳独特的颜色是铬铅矿长久以来一直备受收藏家们欢迎的主要原因之一。

赤铅矿可被用作无机颜料，大名鼎鼎的“铬黄”主要成分即是铬酸铅，被用于油漆、油墨、塑料、橡胶等行业。铬黄虽然具有漂亮的颜色，但因具毒，有一定的致癌性。

赤铅矿的世界著名产地除了澳大利亚塔斯马尼亚西部以外，还有俄罗斯乌拉尔地区。2000 年，赤铅矿被评选为澳大利亚塔斯马尼亚州的州石。

赤铅矿
产地：澳大利亚塔斯马尼亚州

34. 彩钼铅矿：人见人爱的“荒漠之花”

化学组成：Pb [MoO_4]
英文名：Wulfenite

图中展示的来自奥地利克恩顿州巴特布莱贝格的彩钼铅矿标本，其上的彩钼铅矿橘红耀眼，熠熠生辉。标本采集地正是彩钼铅矿被首次发现的地点。

彩钼铅矿，又称“钼铅矿”或“黄铅矿”，于1845年在奥地利被发现。它的英文名称“Wulfenite”是以奥地利矿物学家弗朗兹·伍尔芬（Franz Xavier von Wulfen）的名字命名的。

彩钼铅矿是一种铅钼酸盐矿物，颜色从黄色、橘黄色至橘红色、红褐色，颜色发红主要是其中含有钨；晶体多见板状、薄片状，少数锥状、柱状。金刚光泽，透明至半透明，摩氏硬度为2.5 ~ 3，相对密度为6.5 ~ 7。

钼铅矿对光线具有很高的折射率和色散度，经过恰当的切割，可以展现出如同钻石那样的“火彩”现象，因此，钼铅矿也是国外收藏家中流行的一种收藏品。

美国亚利桑那州红云矿的钼铅矿以璀璨夺目的深红色和壮观的晶形闻名于世。时至今日，世界上有很多博物馆都保存着来自红云矿的标本，美其名曰“荒漠之花”。此外，钼铅矿的主要产出地区还有捷克、摩洛哥、阿尔及利亚、澳大利亚、墨西哥、美国科罗拉多州、智利等，中国湖南、云南等地也有钼铅矿的产出。

片状彩钼铅矿
产地：中国新疆

彩钼铅矿
产地：奥地利克恩顿州巴特布莱贝格

彩钼铅矿　产地：奥地利克恩顿州巴特布莱贝格

五、卤化物矿物

1. 萤石：黑暗中的光，如夏夜飞舞的流萤

化学组成：CaF_2
英文名：Fluorite

萤石，又名氟石，因其在紫外线或阴极射线照射下会发出如同萤火虫一样的荧光而得名，晶体常呈现为立方体，其次为八面体，少数有菱形十二面体，有时有四六面体和六八面体等。

萤石的颜色鲜艳且多种多样，常呈无色、紫色、绿色、蓝色、黄色、玫瑰色、黑色等，矿物表面色泽大多饱满透亮，是一种拥有“美丽颜值”的矿物。如图中所示来自美国田纳西州的淡红色萤石，来自美国伊利诺伊州的蓝色萤石，来自澳大利亚昆士兰州的黄色萤石。当加热萤石时，可完全褪色。萤石性脆，摩氏硬度为 4，相对密度为 3.18。

萤石具有较强的观赏性，颜色艳丽，结晶形态美观的萤石标本可用于收藏和装饰，或雕刻成工艺品。萤石具有发光性，即在紫外线或阴极射线照射下会发光，撤掉光源，矿物发光性消失（此称为荧光）；某些含特定微量元素（如钇、铈等）的萤石在离开紫外线或阴极射线照射后，依旧能持续发光较长一段时间（此称为磷光）。在黑暗中发光的通常都是具有磷光效应的材料，具有该性质的天然矿物以萤石更为常见和普遍。地质学家们推测，我国古代价值连城的夜明珠很可能就是具磷光效应的萤石。值得一提的是，现今的夜明珠市场比较混乱，市场上有不少用发光材料制作的人造夜明珠。

萤石在工业上用途广泛，是氟的主要来源，能够提取制备氟元素及其各种化合物，用于化学、冶金、玻璃、陶瓷工艺或用作助溶剂等。

蓝色萤石　产地：美国伊利诺伊州

黄色萤石　产地：澳大利亚昆士兰州

萤石
产地：美国田纳西州

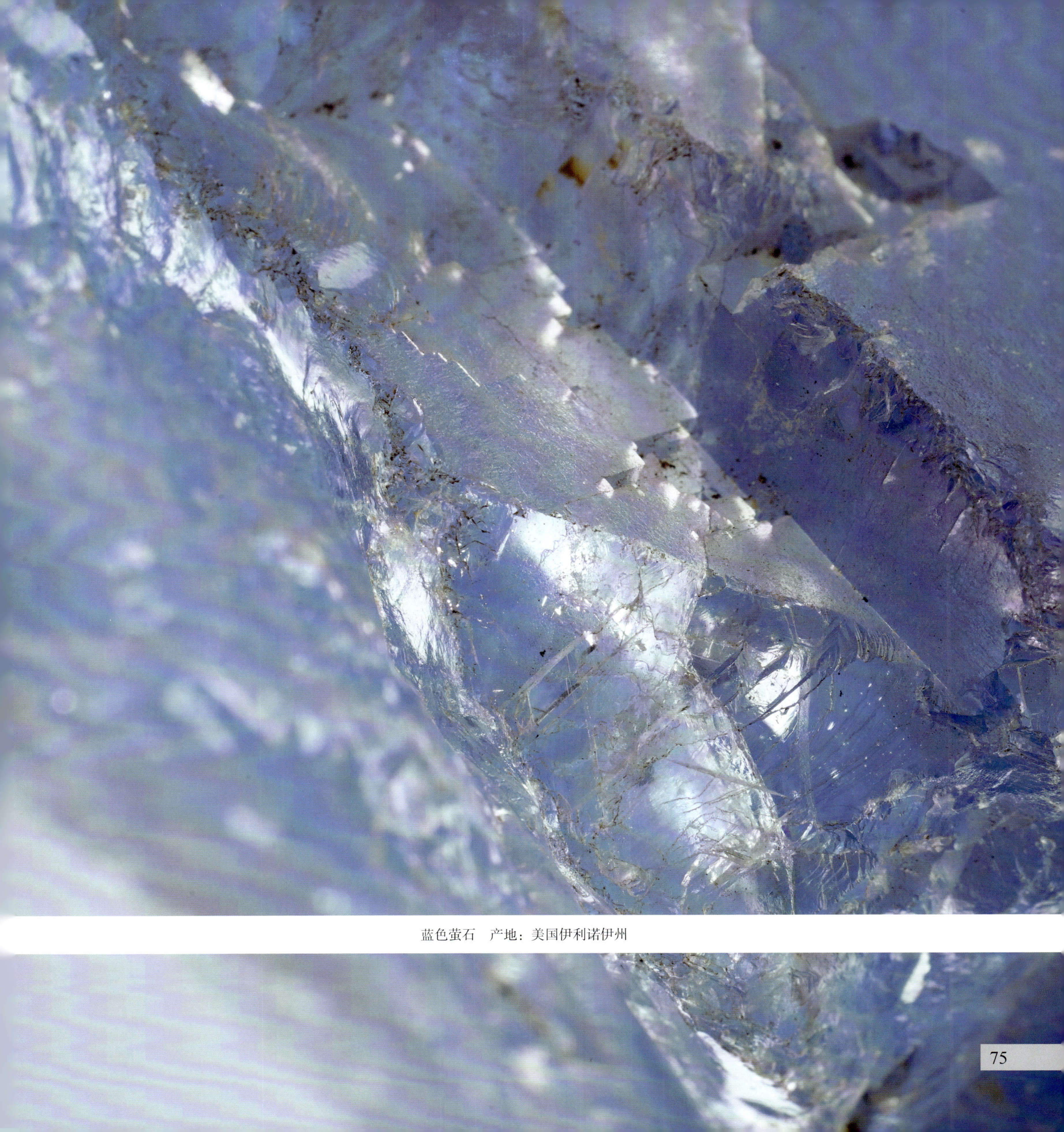

蓝色萤石　产地：美国伊利诺伊州

2. 钾石盐：来自干涸盐湖的最后结晶

化学组成：KCl
英文名：Sylvite

图中所展示的是保存于密闭玻璃瓶中的钾石盐标本，看起来仿佛一颗颗精美的糖果，标本来自美国新墨西哥州，保存时间已超过百年。由于钾石盐易溶于水，暴露在空气中也会吸收水分而潮解，因此常用密闭容器保存。

钾石盐，又称钾盐，是氯化钾（KCl）的天然矿物，与石盐不同，石盐是氯化钠（NaCl）的天然矿物。

钾石盐晶体通常呈立方体或立方体与八面体的聚形，集合体常为致密粒状块体，它的分布远较石盐稀少。纯净的钾石盐无色透明，含微细气泡者呈乳白色，含细微赤铁矿者呈红色。钾石盐具玻璃光泽，摩氏硬度为 1.5 ~ 2，相对密度为 1.97 ~ 1.99。钾石盐和石盐性质极相似，但钾石盐有氯化钾特有的苦咸和涩味。燃烧的火焰呈紫色；而石盐味咸，火焰为黄色。

钾石盐广泛分布于地球上最为干旱地区干涸的盐湖中，是盐湖水蒸发干涸最后结晶的矿物。因而，钾石盐都出现在干旱区湖泊沉积物的顶部，通常位于盐层之上，其下为石盐、石膏、硬石膏等。

钾石盐主要用于制造钾肥，主要产品有氯化钾和硫酸钾，是农业不可缺少的三大肥料之一。少量钾石盐用于提取钾和制造钾的化合物。

世界主要钾石盐产地有加拿大的萨斯喀彻温省、俄罗斯的乌拉尔和白俄罗斯、德国的马格德堡和汉诺威、美国新墨西哥州的特拉华盆地等。我国钾盐资源相对匮乏，钾盐矿是我国的急缺矿种之一。

钾石盐　产地：美国新墨西哥州

钾石盐　产地：美国新墨西哥州

六、有机准矿物与人造矿物

1. 琥珀：沉入大地的琥珀，是冻结时光的精灵

化学组成：
$C_{10}H_{16}O \cdot H_2S$
英文名：Amber

琥珀一直以来都是艺术与收藏领域经久不衰的热门，人们耳熟能详的蜜蜡就是琥珀的一个品种。图中所示琥珀的采集地之一波罗的海海岸的格但斯坦（德语称但泽）地区，是世界最著名的琥珀产地之一。

琥珀英文名“Amber”，来自拉丁文“Ambrum”，意思是“精髓”；也有说法认为其源自阿拉伯语“Anbar”，意为“胶”。琥珀是地史时期松柏科植物产生的液态树脂经过多种地质作用后形成的天然石化有机物，又被称为“树脂化石”或“松脂化石”。在中国，“琥珀”一词可追溯至两千多年前的西汉时期，在陆贾《新语·道基篇》中，曾记载“琥珀珊瑚，翠羽珠玉，山生水藏，择地而居……”。唐代诗人韦应物在五言绝句《咏琥珀》中曾写道：“曾为老茯神，本是寒松液。蚊蚋落其中，千年犹可觌。”

琥珀　产地：波兰格但斯坦

琥珀是一种局部氧化的非晶态碳氢化合物，主要由可溶性的低聚物小分子和难溶于有机溶剂的高聚物组成，属于典型的多组分混合且不易分解的有机混合物。

琥珀颜色丰富，多呈浅黄至蜜黄色、黄棕色至棕色。它是一种非晶质体，摩氏硬度低（2 ~ 2.5），具有树脂光泽，相对密度很低（1.00 ~ 1.10），是已知宝石中最轻的品种。

琥珀可呈现出不同的光泽与颜色，其中色如蜜、光如蜡的不透明者称“蜜蜡”；其中包裹各类昆虫的称为虫珀（如图）；此外，还有植物珀（花珀）、水胆琥珀等。当琥珀中包裹着地质历史时期生活的各种生物的时候，它便成了地球生命演化史的“时空胶囊”。由于保存其中的动植物常常具有非常丰富的细节特征，对生命演化研究具有非常重要的意义。琥珀制成的各类装饰品备受人们追捧。此外，琥珀还可入药，具有安神镇惊、活血利尿的功效。

环波罗的海地区是世界上优质琥珀的主要产地。此外，多米尼加、缅甸、墨西哥、中国等地也有琥珀产出。

琥珀　产地：坦桑尼亚桑给巴尔岛

虫珀　产地：俄罗斯

虫珀　产地：缅甸

2. 金刚砂：它拥有着比肩钻石的特质，是人们探索实践的结晶

化学组成：SiC

英文名：Carborundum

金刚砂
产地：美国纽约州尼亚加拉

图中所示标本是由黑色多边形片状结晶体集合而成的，其上每一片结晶都显得锋利深邃。它拥有一个坚毅的名字——金刚砂，为人造标本，一百年前制作于美国纽约州尼亚加拉。

1891 年，美国艾奇逊将黏土和焦炭混合后企图用电弧将碳转化为金刚石。但结果是，在电极附近发现了闪闪发光的六方形晶体，它与天然金刚石的形态不同。艾奇逊认为这可能是碳和黏土中的氧化铝反应而生成的新化合物。由于自然界中有一种氧化铝矿物称为刚玉，于是他把碳和刚玉两个英文单词连起来作为这一新化合物的名称，中国学者将其译成“金刚砂”。后来人们知道这种化合物是由黏土中的二氧化硅与碳在高温下反应生成的碳化硅晶体。

金刚砂，又名“碳化硅”或“碳硅石”，是碳元素和硅元素形成的化合物。自然界中也产出天然的碳化硅。1904 年莫桑（Moissan）在陨石中首次发现了它，因而得名“莫桑石”，天然产出的莫桑石十分罕见，一般仅存在于年代久远的陨石坑内或某些沉积岩中。

碳化硅硬度非常高（摩氏硬度为 9 ~ 10），大于刚玉，仅次于金刚石、碳化硼和立方氮化硼，在无机材料中排行第四。碳化硅的高硬度使其成为一种重要的磨料，且应用范围远超其他磨料，加之其化学性能稳定、导热系数高、热膨胀系数小等特点，碳化硅还被广泛应用于钢铁冶炼、陶瓷烧制、耐火材料、太阳能光伏组件、电子、化工等领域。

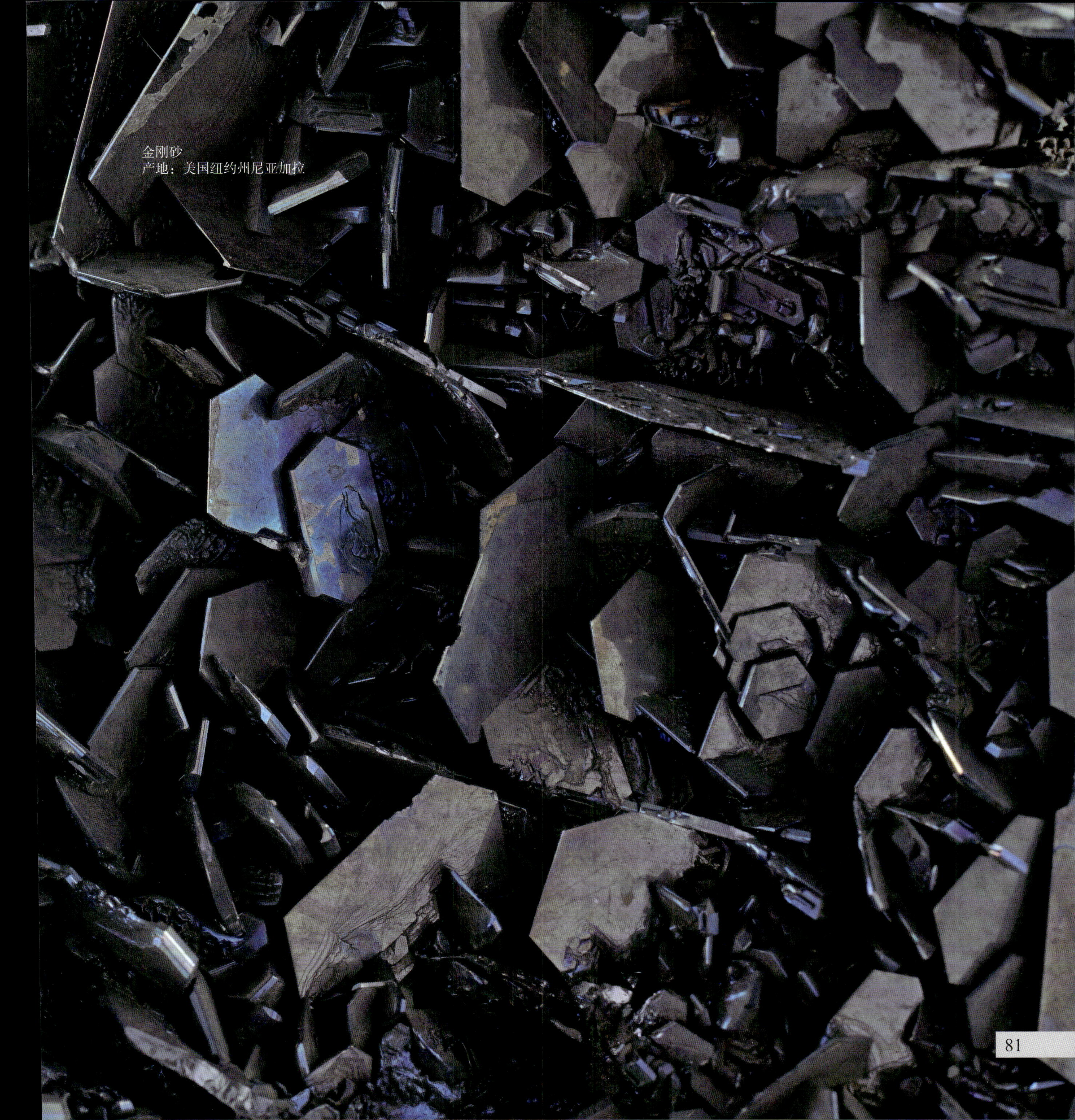
金刚砂
产地：美国纽约州尼亚加拉

ROCKS
岩石

一、岩浆岩

1. 橄榄岩：来自大地深处的一抹橄榄绿

英文名：Peridotite

橄榄岩是超基性侵入岩的一种，以 SiO_2 含量很低（<45%），铁镁含量高为特征。岩石主要由橄榄石和辉石两种矿物组成，若橄榄石含量 >90% 为纯橄榄岩，橄榄石含量 40% ~ 90% 则为橄榄岩；除橄榄石和辉石外，还有少量角闪石、黑云母、磁铁矿、铬铁矿等。

橄榄岩通常呈浅灰绿、黄绿或橄榄绿色，岩石常见粒状结构、包含结构、反应边结构及海绵陨铁结构，具块状构造。

橄榄岩被认为是地幔的主要组成物质，来源于地球深处，通常通过火山、大洋中脊、海底火山带到地表，构成大洋地壳和一些陆地基性 – 超基性岩浆岩的重要成分，在现代地表可以在板块拼合造山带中的大洋地壳残留物和一些深源火山岩中见到。

橄榄岩是铂、铱、锇及铬等贵重金属的主要母岩。与橄榄岩相关的矿产主要有钼、铬、镍、铂及钒钛磁铁矿等，还有石棉、滑石、菱镁矿等。橄榄岩在化学工业上用作提取镁化合物和泻利盐的原料，与磷矿石掺和烧制钙镁磷肥。橄榄岩微粉可作硫酸镁肥和农药。在冶金工业上用于冶炼金属镁和做冶金熔剂，还用于铸造业。透明、结晶完好的橄榄石可加工为宝石。

纯橄榄岩
产地：美国北卡罗来纳州

2. 闪长岩：黑白两色结晶的简约集合

英文名：Diorite

闪长岩
产地：日本

闪长岩是中性深成岩浆岩的典型代表岩石，化学成分中 SiO_2 的含量 52% ~ 65%。闪长岩一般呈深灰、灰、灰白或灰绿色，具有全晶质粒状结构，矿物多为半自形粒状结晶，有时见似斑状结构，多见块状构造。闪长岩主要由斜长石（浅色）和一种或数种铁镁矿物（深色）组成，其中斜长石占长石总量的三分之二以上，常为更长石 – 中长石。深色矿物主要为普通角闪石、辉石、黑云母。闪长岩中有时可出现少量钾长石和石英，副矿物为磷灰石、磁铁矿、钛铁矿和榍石等。

闪长岩是良好的建筑材料，常用作建筑物外墙饰面、地板、台阶及城市道路建设。较著名的石材品种如山东“泰安绿”、吉林团山的闪长岩。

闪长岩在自然界分布较少，占火成岩总面积的2%。闪长岩很少呈独立岩体产出，它常与基性岩、酸性岩或碱性岩伴生，构成其他各类岩体的边缘；如果形成独立岩体，也是一些小型的岩株、岩盖或不规则侵入体。与闪长岩有关的矿产主要有铜、铁等金属矿床。

3. 玄武岩：这是地球洋壳和月球月海的主要组成物

英文名：Basalt

橄榄玄武岩，杏仁状构造
产地：德国巴登

玄武岩是一种细粒致密、外观呈黑色的火山岩，由基性岩浆喷发凝结而成，主要由辉石和基性斜长石组成。玄武岩一词引自日文，根据日本兵库县玄武洞发现的黑色橄榄玄武岩得名。中文“玄武”二字代表中国古代神话中的北方之神，意为黑色的龟蛇鳞甲之象，这些含义与玄武岩的黑色、多边形柱状节理等特点有吻合之处。

玄武岩是地表出露最广的火山岩，由于玄武岩岩浆的黏度小，流动性大，喷溢地表易形成很大的覆盖层，常形成面积达数千至数十万平方千米的熔岩台地高原，有人称其为高原玄武岩，如印度的德干高原玄武岩。玄武岩不仅是地球表层洋壳的主要组成物，也是月球表面暗色部分——月海的主要组成物质。

玄武岩 SiO_2 的含量大约 45% ~ 52% 之间，含有较高的铁和镁。主要矿物除辉石和基性斜长石外，有些种属还含有丰富的橄榄石，如橄榄玄武岩。玄武岩通常呈细粒隐晶质至玻璃质，常见斑状结构、显微斑状结构和聚斑结构。由于岩浆喷发时大量气体逸出而使岩石常呈气孔状构造，有的玄武岩由于气孔特别多而使重量减轻，甚至轻到能漂浮在水中，叫做“浮石”，云南腾冲有着保存完好的火山遗迹，盛产浮石。气孔常被次生矿物充填而呈杏仁状构造。图中来自德国巴登的橄榄玄武岩标本，具杏仁状构造。在陆上喷发的玄武岩常具绳状构造、碎块构造和柱状节理构造，水下喷发的玄武岩可见枕状构造。

4. 花岗岩：大陆岩石的第一主角，特质优良的建筑资源

英文名：Granite

花岗岩的英文 Granite 是从拉丁文“Granum”演绎而来，意为颗粒。花岗岩是地下深处的酸性岩浆冷凝形成的岩石。花岗岩中的 SiO_2 高达 65% ~ 78%，属于 SiO2 过饱和的岩石，含有大量石英，达 20% 以上。石英与钾长石和酸性斜长石是该类岩石的主要矿物，由于这 3 种主要矿物均为浅色矿物，所以，花岗岩的颜色通常为浅色调，常呈灰白色或浅粉红色。深色矿物在花岗岩中含量一般不超过 10%，以黑云母为主，其次有角闪石、辉石等。花岗岩中的矿物通常结晶程度较高，呈半自形粒状结构。

花岗岩大多分布在大陆地壳中，占大陆地壳中所有岩浆岩的一半以上，在大洋地壳上也有少量分布，例如大西洋的冰岛有花岗岩的存在。花岗岩往往形成岩基、岩株等大型岩体，通常在地壳被剥蚀越强烈的地区，花岗岩出露越多。

花岗岩常可以形成壮观的地貌景观，中国许多著名的山岳地貌景观如黄山、三清山、华山、九华山等均由花岗岩构成。

花岗岩质地均匀，坚硬致密，强度高、抗风化、耐腐蚀、耐热、耐磨损、吸水性低，色泽能长时间保存，是优质的建筑材料，花岗岩也是露天雕刻的首选材料。

花岗岩与许多重要的内生金属矿床都有很密切的成因联系，如钨、锡、铅、锌、铜、铁及稀土矿产，等等。

普通辉石花岗岩
产地：法国

5. 黑曜岩：饱含美好寓意的“火山琉璃”

英文名：Obsidian

黑曜岩，又名黑曜石、黑耀石、十胜石或龙晶，是一种玻璃质岩石，属非晶质，可含有少量的斑晶、微晶或雏晶，它的化学成分与花岗岩相当，但其几乎全部由火山玻璃组成。

黑曜岩是酸性火山熔岩迅速冷却凝结而成的，形成过程中没有足够的时间结晶而呈现玻璃状，通常都分布在熔岩流外围，通常呈致密块状或熔渣状。

黑曜岩大部分为深绿、深褐至黑色，也会有红、黄、灰、橙等颜色，颜色可不均匀，可能是单色、或带条纹、或有斑点，于是出现若干变种，如桃红黑曜岩、彩虹黑曜岩、条带状黑曜岩、缟状黑曜岩、菊花状或雪花状黑曜岩等。有些黑曜岩变种在某些情况下可显示出耀眼的光泽，这是由于岩石中含有许多微小的高反射率包裹体造成的。黑曜岩具贝壳状断口，玻璃光泽，摩氏硬度为 5 ~ 6，相对密度为 2.33 ~ 2.41。

黑曜石因具备玻璃的特性，敲碎后断面呈贝壳状断口，十分锋利。远古石器时代曾用作刀、箭头等切削用具。黑曜岩是一种常见的黑色宝石，在珠宝市场中广受欢迎，在中国传统文化中，黑曜岩具有辟邪、招福和镇宅的作用，常被广泛应用于串珠、摆件、吉祥物等工艺品的制作。

黑曜岩广泛分布在有或曾有火山活动的地区，世界各地均有黑曜岩产出。宝石级黑曜岩的产地主要为美国的黄石国家公园及科罗拉多州、内华达州、加利福尼亚州等地。中国的西藏、黑龙江、吉林等地也盛产黑曜岩。

黑曜岩
产地：美国俄勒冈州

二、沉积岩

1. 砾岩：这是破解地壳运动与气候变化的重要物证

英文名：Conglomerate

砾岩属于沉积岩中的粗碎屑岩，其中砾（颗粒直径大于2毫米的碎屑）占岩石总量的30%以上。根据砾的大小可分为细砾、中砾、粗砾和巨砾等。砾岩是母岩风化产物经搬运、沉积、压实而形成的。一般来说，随着搬运距离的增加和淘洗时间的增长，砾石形状会越来越圆，体积会越来越小。

砾岩可以形成于河流、湖泊和海洋中，也可以形成于冰川作用、风力作用和重力崩积作用，甚至地下深处的构造应力作用也可以形成砾岩，即构造角砾岩。根据砾石成分的复杂性，砾岩可分为单成分砾岩和复成分砾岩。根据砾岩在地质剖面中的位置，又可以分为底砾岩和层间砾岩。底砾岩位于沉积序列的底部，代表了一次沉积周期的开始，与下伏岩层呈不整合或假整合接触关系，是一个地区构造运动的标志。

砾岩是对形成条件反应最为灵敏的一类岩石，其砾级碎屑的成分、粒度、形态特征、填隙物多少和性质等，都很明显地受到物质来源、搬运沉积条件、地形地貌和气候变化的影响。在地质上，砾岩具有重要的研究意义，如地层上砾岩常作为沉积间断的标志和划分地层的依据；砾石的分布有助于了解古海（湖）岸线位置、古河床分布及古流向、源区母岩特征等；巨厚的砾岩层往往形成于大规模造山运动后，是强烈地壳抬升的证据。此外，砾岩也有很大的经济意义，如砾岩中常赋存有重要的金属或非金属矿产，可以是石油、天然气和地下水的储集层，砾岩本身还可作为建筑材料。

砂质砾岩
产地：美国南达科他州

2. 砂岩：沉积盆地演化的守望者

英文名：Sandstone

砂岩是最重要的沉积岩类型之一，在地壳的分布中仅次于泥质岩，其碎屑颗粒粒径介于0.05 ~ 2毫米之间，如果主要的碎屑粒径过小则为粉砂岩，主要碎屑粒径过大则为砾岩或角砾岩。

该类岩石由碎屑和分布于碎屑间的填隙物组成，碎屑成分最主要为石英，其次是长石、岩屑，以及白云母、绿泥石、重矿物等。填隙物包括胶结物和碎屑杂基两种组分，胶结物为化学沉淀作用形成，常见的有硅质和碳酸盐质，它们对碎屑起胶结作用，杂基成分主要指与碎屑同时沉积的颗粒更细的黏土或粉砂质物。

砂岩按照砂粒大小可以细分为巨粒砂岩、粗粒砂岩、中粒砂岩、细粒砂岩和微粒砂岩。若按成分，砂岩可以分为石英砂岩、长石砂岩、岩屑砂岩及杂砂岩等各种类型。

砂岩是物源区的岩石经风化、剥蚀、搬运在盆地中堆积，并经过长期成岩作用而形成。研究砂岩有重要的理论和实际意义。砂岩能提供许多地质历史的重要信息，如通过砂岩的碎屑成分探索物源区的线索，通过沉积构造判定沉积环境，通过砂岩结构推断石油、天然气和地下水的储集量，等等。有些砂岩中还含有金、铂、锡石、黑钨矿、独居石、金刚石等有用矿物，可形成砂矿床。

砂岩是很好的建筑石料和研磨材料，历史上的许多知名建筑都是使用砂岩石材建成的。此外，纯净的石英砂和石英砂岩则是玻璃和硅质耐火材料的原料。

砂岩　产地：美国南达科他州

3. 灰岩：普通的石头也能造就雄伟的喀斯特奇观

英文名：Limestone

灰岩，又称石灰岩，是碳酸盐岩的主要类型之一。碳酸盐岩是指主要由沉积的碳酸盐矿物（方解石、白云石）组成的岩石，若成分中方解石含量 >50%，则为灰岩，若白云石含量 >50%，则为白云岩。据统计，碳酸盐岩约占沉积岩总量的 20%，在地壳中的分布仅次于泥质岩和砂岩。中国是碳酸盐岩覆盖面积最广的国家之一。除了方解石以外，灰岩中常含有白云石、黏土矿物、石英、硅质生物、燧石等组分。

灰岩的结构较复杂，不同结构的灰岩在外观上可能存在明显不同，如图所示，产于美国纽约的层孔虫灰岩、产于日本的竹叶状灰岩以及产于美国佛罗里达州的介壳灰岩，这些不同的灰岩标本看起来差别很大。

一般经过波浪和流水作用的搬运、沉积而成的为颗粒灰岩，常常具有粒屑结构。由原地生长的生物构成岩石骨架的生物岩或礁灰岩，常具有生物骨架结构。由化学或生物化学作用沉淀成的石灰岩为生物化学石灰岩，常具有泥晶或微晶结构，一般属于低能环境的沉积。若已形成的灰岩经过重结晶作用，或者经过白云岩化作用形成的白云质岩石，常具有大小不同的晶粒结构和各种残余结构。

灰岩主要形成于浅海环境，浅海碳酸盐台地和生物礁被称为“碳酸盐工厂”，在吸收二氧化碳，减少温室气体排放方面具有重要意义。在陆地湖泊中也能形成不纯的灰岩。

灰岩是国民经济中很有价值的资源，我国明朝时期就有利用石灰岩烧石灰的记载。随着生产力的发展和科学技术的进步，石灰岩已经成为冶金、建材、化工、轻工、建筑、农业及其他特殊工业领域重要的工业原料。此外，赋存于灰岩中的矿产也非常丰富，不仅包含多种金属矿与非金属矿，也是石油及天然气的重要烃源层和储集层。灰岩还形成各种风景秀丽的喀斯特地貌，在人们旅游中常见的石林、溶洞、天坑、喀斯特山水等岩溶地貌景观等都与之相关，著名的景区如桂林山水、重庆武隆喀斯特、重庆金佛山景区、云南石林、贵州兴义万峰林、广西罗城喀斯特等，其中不乏世界自然遗产和国家地质公园。

层孔虫灰岩　产地：美国纽约

竹叶状灰岩　产地：日本

介壳灰岩
产地：美国佛罗里达州

介壳灰岩
产地：美国佛罗里达州

4. 燧石岩：唤起远古时代击石取火的记忆

英文名：Chert

燧石岩
产地：瑞典

燧石岩又名燧石，俗称火石，是最常见的一种硅质岩。硅质岩是指由化学作用、生物和生物化学作用以及某些火山作用所形成的富含二氧化硅（一般超过 70%）的岩石，其中也包括在盆地内经机械破碎再沉积的硅质岩。图中的标本即为燧石岩，采自瑞典。

燧石颜色以灰色、黑色等暗色为常见，也有呈黄色、红色、白色者。燧石的成分主要为玉髓和自生微晶石英，年代较新者可为蛋白石，还常有黏土、碳酸盐及有机质等混入物，有些还含有硅质生物遗体。

燧石致密坚硬，破碎后常产生锋利的贝壳状断口，所以石器时代的古人类常用来打造石器。燧石经撞击后容易产生火花，因此燧石也被古代人用作取火工具，所以也叫作火石。

燧石在岩层中常呈层状或结核状产出。层状燧石可呈顺层规则条带状、薄层状或透镜状，常与含磷或含锰的黏土岩和碳酸盐岩共生。结核状燧石又称燧石结核，有球状、卵状、棒状、盘状、葫芦状及不规则状分布在岩层中，常与碳酸盐岩共生，形成燧石条带状灰岩或燧石团块状白云岩，有时也与黏土岩或砂岩共生。

5. 碧玉：美丽的斑纹是自然之力对岩石的精心镌刻

英文名：Jasper

碧玉的英文Jasper的意思为“有斑纹的石头”，来自古法语的“Jaspre”。图中来自南非的碧玉所呈现的美丽层状斑纹与碧玉的内涵不谋而合。标本中的黄褐色部分主要为隐晶质石英，黑色纹层部分主要为磁铁矿。

碧玉　产地：南非

值得注意的是，在宝玉石界，人们会将和田玉也称为碧玉（和田碧玉）。与碧玉不同的是，和田碧玉主要由含水硅酸盐矿物组成，硬度相对较低，属于“软玉”。而本书所述的碧玉主要由二氧化硅构成，又称“铁石英”或“铁碧玉”，称之为“碧玉岩”更为准确，相对硬度较高。两种“碧玉”在化学成分和矿物成分上是截然不同的。

碧玉岩是层状燧石岩的一类特殊变种，主要由不透明的隐晶质石英集合而成，其次为玉髓。碧玉岩具有高硬度，贝壳状断口，蜡状光泽。

红色碧玉　产地：南非

碧玉岩中常常混入氧化铁、黏土矿物及有机质，故常呈现红色、绿色、黄色或棕色等不同颜色，如图中的红色碧玉。如果混入的成分分布不均，则可使碧玉中出现各式各样的花纹，精美者则为珍品。碧玉岩有光滑的表面，可作为装饰品，色美者可以做宝石，也可以抛光之后制成花瓶或印章等工艺品。

碧玉岩形成于火山喷发带出的二氧化硅沉淀，可形成巨厚的碧玉岩建造，如中国鞍山地区元古宙的铁质碧玉岩建造。中国北方著名的鞍山式铁矿即赋存于这类碧玉岩建造之中。

碧玉
产地：南非

碧玉
产地：美国加利福尼亚州

三、变质岩

1. 千枚岩：丝绸般的柔和光泽让岩石显得不再冷峻

英文名：Phyllite

千枚岩为具有千枚状构造的一类浅变质岩，属于低级变质岩类，岩石通常由细粒显微晶质矿物如绢云母、绿泥石等定向排列，掺杂石英、长石、磁铁矿、金红石、电气石以及碳质、铁质等矿物质，所谓千枚状构造，即细小的鳞片状矿物（常小于0.1毫米）定向排列，在片理面上呈现出一种如丝绸锦缎般的柔和光泽——丝绢光泽。

千枚岩的颜色与其矿物成分密切相关，常为黄、褐、灰、绿等色。千枚岩通常由泥质、粉砂质或部分火山岩等富含泥质的岩石变质而成，形成于区域低温变质作用或糜棱岩化作用，在接触变质作用中也可形成。

千枚岩可根据颜色或特征变质矿物命名，如有黄绿色千枚岩、硬绿泥石千枚岩等。图中所示的硬绿泥石千枚岩，主要矿物包括绢云母、绿泥石、石英和特征变质矿物硬绿泥石，其中部分硬绿泥石呈变斑晶出现。

硬绿泥石千枚岩
产地：中国北京天宝山

2. 片岩：层层叠叠的“鱼鳞”记录着亿万年来的沧海桑田

英文名：Schist

片岩是常见的变质岩类型之一，具有明显的片状构造。

该类岩石的片状构造主要由岩石中大量片状和柱状矿物定向排列所致，片状和柱状矿物主要有云母、绿泥石、滑石、蛇纹石、阳起石、普通角闪石、透闪石等。此外，还含有石英、长石等粒状矿物以及红柱石、蓝晶石、石榴子石、堇青石、十字石、绿帘石、黝帘石、蓝闪石等一些特征变质矿物。

片岩的种类繁多，主要取决于变质前的岩石类型。常见的片岩类型有：云母片岩类、钙硅酸盐片岩类、绿片岩、角闪片岩、蓝闪石片岩、镁质片岩等。

图中的石榴子石云母片岩（Garnet-mica schist）属于云母片岩类，其中片状矿物以云母为主，粒状矿物以石英为主，含一定数量的长石和特征变质矿物石榴子石，其中石榴子石为铁铝榴石，在标本中呈黑褐色粒状。

此外，图中的空晶石云母片岩 (Chiastolite-mica schist) 也属于云母片岩类，其成分仍以片状云母、粒状石英和长石为主，但其中含有富铝变质矿物空晶石。手标本中的白色细柱状晶体即为空晶石，是红柱石的一个变种。红柱石（Andalusite）以该矿物的首次发现地—西班牙的安达卢西亚 (Andalusia) 命名。中文名称则是因为其晶体呈柱状，颜色多呈粉红色而得名。红柱石是一种铝硅酸盐矿物，化学组成 Al_2SiO_5，晶体呈柱状，横断面近正方形。若横断面上见十字形碳质包裹体者，则称为空晶石（Chiastolite）。空晶石得名最初源于希腊文，意为“对角交叉”。图中产于美国加利福尼亚州的带白色调的矿物即为空晶石，横切面上可见十字形碳质包裹体。

石榴子石云母片岩，黑色粒状矿物为石榴子石
产地：中国山西繁峙

空晶石云母片岩，白色柱状矿物为空晶石
产地：中国内蒙古巴彦淖尔

空晶石云母片岩，白色柱状矿物为空晶石
产地：中国内蒙古巴彦淖尔

空晶石，横切面上见十字形碳质包裹体
产地：美国加利福尼亚州马德拉

3. 片麻岩：在强烈的地质改造中重塑新生

英文名：Gneiss

片麻岩是含长石、石英较多，粒度较粗，具明显片麻状构造的变质岩石。粒状矿物主要是长石和石英。片状或柱状矿物可以是云母、角闪石、辉石等。常含有矽线石、蓝晶石、石榴子石、堇青石等特征变质矿物。片麻岩通常为变质程度较深的区域变质岩石，但在高温热接触变质作用时也可形成片麻岩。一般根据长石种类及主要的片状或柱状矿物详细命名，如黑云钾长片麻岩、角闪斜长片麻岩等。

片麻岩常为鳞片粒状变晶结构，除片麻状构造外，也可表现为条带状或条痕状构造。片麻状构造的特征是深色片状或柱状矿物在粒状浅色矿物的背景中呈断断续续的定向排列，是变质岩中常见的一种构造。

片麻岩可以由砂岩、粉砂岩、泥质岩、泥灰岩等各类沉积岩变质而成，也可以是各类中酸性侵入岩、喷出岩或火山碎屑岩变质而成。片麻岩在前寒武纪结晶基底及后期的变质带中广泛分布。

云母片麻岩
产地：美国马萨诸塞州

4. 大理岩：它的美名来自令人向往的风花雪月之地，许多神圣的丰碑由它建造

英文名：Marble

大理岩因盛产于云南大理而得名。大理岩是一种由石灰岩、白云岩等碳酸盐岩石经变质作用重结晶而成的变质岩，其主要矿物成分为碳酸盐类矿物如方解石、白云石等，此外常含有硅灰石、滑石、透闪石、透辉石等富含钙、镁的硅酸盐矿物。因变质作用和应力揉搓，大理岩常常呈现不规则的条带状、团块状色斑，有些色斑可呈现非常美妙的图案。产生不同颜色和花纹的主要原因是大理岩中含有少量的有色矿物和杂质。例如，若大理岩中含有赤铁矿杂质或含锰方解石，会使其呈红色调，如图所示为淡红色大理岩（产自美国加利福尼亚州）；若大理岩中含石墨则会呈灰色或黑色；含蛇纹石呈黄绿色；含绿泥石、阳起石和透辉石呈绿色等。

大理岩从古至今都被用作装饰建筑石料及雕刻石料，许多著名的古代和现代建筑中都能见到它的身影。大理岩中的洁白细腻者称汉白玉，是非常名贵的建筑石材，因其高雅的质地和色调，常被用于建造宏伟神圣的殿堂，雕刻精美的艺术品，如天安门前的华表、故宫的云龙石、印度的泰姬陵等等。大理岩还可用作电气绝缘材料。含钙高的大理岩还可作为石灰和水泥原料。

大理岩广泛分布于世界各地。中国也有诸多大理岩产区，如云南、北京、广东、湖北、四川、山东等地，其中云南大理点苍山以盛产美丽花纹大理岩而闻名。

淡红色大理岩
产地：美国加利福尼亚州

教学区
1号楼
昆明理工大学
国土资源工程学院